AF495411
635
TARIF
POUR LA
…UCTION EN DÉCISTÈRES
DES
BOIS CARRÉS & RONDS
…R JULES BAUDSON
NOUVELLE ÉDITION
Broché
Relié basane
CHARLEVILLE
… JOLLY, Libraire-Éditeur
PARIS
… ET Cie, Libraires

TARIF

POUR LA

CUBATURE DES BOIS

TARIF

POUR LA

RÉDUCTION EN DÉCISTÈRES

DES

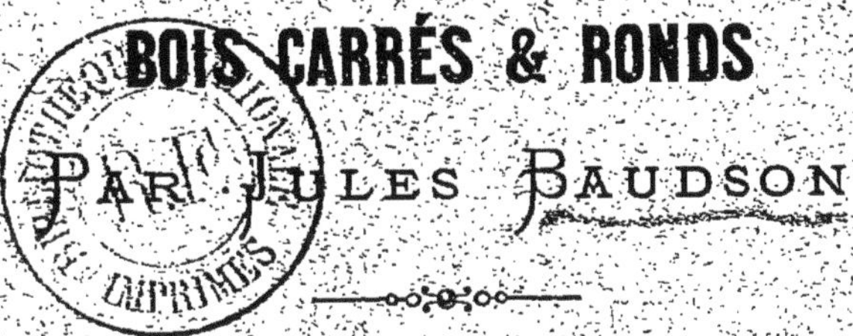

BOIS CARRÉS & RONDS

PAR JULES BAUDSON

NOUVELLE ÉDITION

PRIX : { Broché. . . . fr. 1 50
Relié basane . . . 2 25 }

CHARLEVILLE
Eugène JOLLY, Libraire-Éditeur
GRANDE PLACE ET RUE DU MOULIN

PARIS
HACHETTE et Cie, Libraires
79, BOULEVARD SAINT-GERMAIN

1873

Tout exemplaire de cet ouvrage non revêtu de ma griffe sera réputé contrefait.

NOTE DE L'AUTEUR.

Il y a 34 ans, alors que l'on commençait à peine à se servir des mesures métriques pour cuber les Bois d'industrie, j'ai fait paraître la première Edition, aujourd'hui épuisée de ce Tarif.

Dans la nouvelle Edition, j'ai cru pouvoir retrancher l'introduction et des tables devenues inutiles.

Charleville, le 1er Mars 1873.

J. BAUDSON.

BOIS CARRÉS

LONGUEURS.	10	11	12	13	14	15
0 05	0 005	0 005	0 006	0 006	0 007	0 007
0 10	0 010	0 011	0 012	0 013	0 014	0 015
0 15	0 015	0 016	0 018	0 019	0 021	0 022
0 20	0 020	0 022	0 024	0 026	0 028	0 030
0 25	0 025	0 027	0 030	0 032	0 035	0 037
0 30	0 030	0 033	0 036	0 039	0 042	0 045
0 35	0 035	0 038	0 042	0 045	0 049	0 052
0 40	0 040	0 044	0 048	0 052	0 056	0 060
0 45	0 045	0 050	0 054	0 058	0 063	0 067
0 50	0 050	0 055	0 060	0 065	0 070	0 075
0 55	0 055	0 060	0 066	0 071	0 077	0 082
0 60	0 060	0 066	0 072	0 078	0 084	0 090
0 65	0 065	0 071	0 078	0 084	0 091	0 097
0 70	0 070	0 077	0 084	0 091	0 098	0 10
0 75	0 075	0 082	0 090	0 097	0 10	0 11
0 80	0 080	0 088	0 096	0 10	0 11	0 12
0 85	0 085	0 093	0 10	0 11	0 12	0 13
0 90	0 090	0 10	0 11	0 12	0 13	0 13
0 95	0 095	0 10	0 11	0 12	0 13	0 14
1 »	0 10	0 11	0 12	0 13	0 14	0 15
2 »	0 20	0 22	0 24	0 26	0 28	0 30
3 »	0 30	0 33	0 36	0 39	0 42	0 45
4 »	0 40	0 44	0 48	0 52	0 56	0 60
5 »	0 50	0 55	0 60	0 65	0 70	0 75
6 »	0 60	0 66	0 72	0 78	0 84	0 90
7 »	0 70	0 77	0 84	0 91	0 98	1 05
8 »	0 80	0 88	0 96	1 04	1 12	1 20
9 »	0 90	0 99	1 08	1 17	1 26	1 35
10 »	1 »	1 10	1 20	1 30	1 40	1 50
11 »	1 10	1 21	1 32	1 43	1 54	1 65
12 »	1 20	1 32	1 44	1 56	1 68	1 80

LONGUEURS.	16	17	18	19	20	21
0 05	0 008	0 008	0 009	0 009	0 010	0 010
0 10	0 016	0 017	0 018	0 019	0 020	0 021
0 15	0 024	0 025	0 027	0 028	0 030	0 031
0 20	0 032	0 034	0 036	0 038	0 040	0 042
0 25	0 040	0 042	0 045	0 047	0 050	0 052
0 30	0 048	0 051	0 054	0 057	0 060	0 063
0 35	0 056	0 060	0 063	0 066	0 070	0 073
0 40	0 064	0 068	0 072	0 076	0 080	0 084
0 45	0 072	0 076	0 081	0 085	0 090	0 094
0 50	0 080	0 085	0 090	0 095	0 10	0 10
0 55	0 088	0 093	0 099	0 10	0 11	0 12
0 60	0 096	0 10	0 11	0 11	0 12	0 13
0 65	0 10	0 11	0 12	0 12	0 13	0 14
0 70	0 11	0 12	0 13	0 13	0 14	0 15
0 75	0 12	0 13	0 14	0 14	0 15	0 16
0 80	0 13	0 14	0 14	0 15	8 16	0 17
0 85	0 14	0 15	0 15	0 16	0 17	0 18
0 90	0 14	0 15	0 16	0 17	0 18	0 19
0 95	0 15	0 16	0 17	0 18	0 19	0 20
1 »	0 16	0 17	0 18	0 19	0 20	0 21
2 »	0 32	0 34	0 36	0 38	0 40	0 42
3 »	0 48	0 51	0 54	0 57	0 60	0 63
4 »	0 64	0 68	0 72	0 76	0 80	0 84
5 »	0 80	0 85	0 90	0 95	1 00	1 05
6 »	0 96	1 02	1 08	1 14	1 20	1 26
7 »	1 12	1 19	1 26	1 33	1 40	1 47
8 »	1 28	1 36	1 44	1 52	1 60	1 68
9 »	1 44	1 53	1 62	1 71	1 80	1 89
10 »	1 60	1 70	1 80	1 90	2 »	2 10
11 »	1 76	1 87	1 98	2 09	2 20	2 31
12 »	1 92	2 04	2 16	2 28	2 40	2 52

LONGUEURS.	11	12	13	14	15	16
0 05	0 006	0 007	0 007	0 008	0 008	0 009
0 10	0 012	0 013	0 014	0 015	0 016	0 018
0 15	0 018	0 020	0 021	0 023	0 025	0 026
0 20	0 024	0 026	0 029	0 031	0 033	0 035
0 25	0 030	0 033	0 036	0 039	0 041	0 044
0 30	0 036	0 040	0 043	0 046	0 049	0 053
0 35	0 042	0 046	0 050	0 054	0 058	0 062
0 40	0 048	0 053	0 057	0 062	0 066	0 070
0 45	0 054	0 059	0 064	0 069	0 074	0 079
0 50	0 060	0 066	0 071	0 077	0 082	0 088
0 55	0 067	0 073	0 079	0 085	0 091	0 097
0 60	0 073	0 079	0 086	0 092	0 099	0 11
0 65	0 079	0 086	0 093	0 10	0 11	0 11
0 70	0 085	0 092	0 10	0 11	0 11	0 12
0 75	0 091	0 099	0 11	0 12	0 12	0 13
0 80	0 097	0 11	0 11	0 12	0 13	0 14
0 85	0 10	0 11	0 12	0 13	0 14	0 15
0 90	0 11	0 12	0 13	0 14	0 15	0 16
0 95	0 11	0 13	0 14	0 15	0 16	0 17
1 »	0 12	0 13	0 14	0 15	0 16	0 18
2 »	0 24	0 26	0 29	0 31	0 33	0 35
3 »	0 36	0 40	0 43	0 46	0 49	0 53
4 »	0 48	0 53	0 57	0 62	0 66	0 70
5 »	0 60	0 66	0 71	0 77	0 82	0 88
6 »	0 73	0 79	0 86	0 92	0 99	1 06
7 »	0 85	0 92	1 »	1 08	1 15	1 23
8 »	0 97	1 06	1 14	1 23	1 32	1 41
9 »	1 09	1 19	1 29	1 39	1 48	1 58
10 »	1 21	1 32	1 43	1 54	1 65	1 76
11 »	1 33	1 45	1 57	1 69	1 81	1 94
12 »	1 45	1 58	1 72	1 85	1 98	2 11

LONGUEURS.	17	18	19	20	21	22
0 05	0 009	0 010	0 010	0 011	0 011	0 012
0 10	0 019	0 020	0 021	0 022	0 023	0 024
0 15	0 028	0 030	0 031	0 033	0 035	0 036
0 20	0 037	0 040	0 042	0 044	0 046	0 048
0 25	0 046	0 049	0 052	0 055	0 057	0 060
0 30	0 056	0 059	0 063	0 066	0 069	0 073
0 35	0 065	0 069	0 073	0 077	0 081	0 085
0 40	0 075	0 079	0 084	0 088	0 092	0 097
0 45	0 084	0 089	0 094	0 099	0 10	0 11
0 50	0 093	0 099	0 10	0 11	0 11	0 12
0 55	0 10	0 11	0 11	0 12	0 13	0 13
0 60	0 11	0 12	0 12	0 13	0 14	0 14
0 65	0 12	0 13	0 14	0 14	0 15	0 16
0 70	0 13	0 14	0 15	0 15	0 16	0 17
0 75	0 14	0 15	0 16	0 16	0 17	1 18
0 80	0 15	0 16	0 17	0 18	0 18	0 19
0 85	0 16	0 17	0 18	0 19	0 20	0 21
0 90	0 17	0 18	0 19	0 20	0 21	0 22
0 95	0 18	0 19	0 20	0 21	0 22	0 23
1 »	0 19	0 20	0 21	0 22	0 23	0 24
2 »	0 37	0 40	0 42	0 44	0 46	0 48
3 »	0 56	0 59	0 63	0 66	0 69	0 73
4 »	0 75	0 79	0 84	0 88	0 92	0 97
5 »	0 93	0 99	1 04	1 10	1 15	1 21
6 »	1 12	1 19	1 25	1 32	1 39	1 45
7 »	1 31	1 39	1 46	1 54	1 62	1 69
8 »	1 50	1 58	1 67	1 76	1 85	1 94
9 »	1 68	1 78	1 88	1 98	2 08	2 18
10 »	1 87	1 98	2 09	2 20	2 31	2 42
11 »	2 06	2 18	2 30	2 42	2 54	2 66
12 »	2 24	2 38	2 51	2 64	2 77	2 90

LONGUEURS.	12	13	14	15	16	17
0 05	0 007	0 008	0 008	0 009	0 010	0 010
0 10	0 014	0 016	0 017	0 018	0 019	0 020
0 15	0 022	0 023	0 025	0 027	0 029	0 030
0 20	0 029	0 031	0 033	0 036	0 038	0 041
0 25	0 036	0 039	0 042	0 045	0 048	0 051
0 30	0 043	0 047	0 050	0 054	0 058	0 061
0 35	0 050	0 054	0 059	0 063	0 067	0 071
0 40	0 057	0 062	0 067	0 072	0 077	0 082
0 45	0 065	0 070	0 075	0 081	0 086	0 092
0 50	0 072	0 078	0 084	0 090	0 096	0 10
0 55	0 079	0 086	0 092	0 099	0 10	0 11
0 60	0 086	0 094	0 10	0 11	0 11	0 12
0 65	0 093	0 10	0 11	0 12	0 12	0 13
0 70	0 10	0 11	0 12	0 13	0 13	0 14
0 75	0 11	0 12	0 13	0 13	0 14	0 15
0 80	0 11	0 12	0 13	0 14	0 15	0 16
0 85	0 12	0 13	0 14	0 15	0 16	0 17
0 90	0 13	0 14	0 15	0 16	0 17	0 18
0 95	0 14	0 15	0 16	0 17	0 18	0 19
1 »	0 14	0 16	0 17	0 18	0 19	0 20
2 »	0 29	0 31	0 34	0 36	0 38	0 41
3 »	0 43	0 47	0 50	0 54	0 58	0 61
4 »	0 58	0 62	0 67	0 72	0 77	0 82
5 »	0 72	0 78	0 84	0 90	0 96	1 02
6 »	0 86	0 94	1 01	1 08	1 15	1 22
7 »	1 01	1 09	1 18	1 26	1 34	1 43
8 »	1 15	1 25	1 34	1 44	1 54	1 63
9 »	1 30	1 40	1 51	1 62	1 73	1 84
10 »	1 44	1 56	1 68	1 80	1 92	2 04
11 »	1 58	1 72	1 85	1 98	2 11	2 24
12 »	1 73	1 87	2 02	2 16	2 30	2 45

LONGUEURS.	18	19	20	21	22	23
0 05	0 011	0 011	0 012	0 013	0 013	0 014
0 10	0 022	0 023	0 024	0 025	0 026	0 028
0 15	0 032	0 034	0 036	0 038	0 039	0 041
0 20	0 043	0 045	0 048	0 050	0 053	0 055
0 25	0 054	0 057	0 060	0 063	0 066	0 069
0 30	0 065	0 068	0 072	0 076	0 079	0 083
0 35	0 075	0 080	0 084	0 088	0 092	0 097
0 40	0 086	0 091	0 096	0 10	0 10	0 11
0 45	0 097	0 10	0 11	0 11	0 12	0 12
0 50	0 11	0 11	0 12	0 13	0 13	0 14
0 55	0 12	0 13	0 13	0 14	0 14	0 15
0 60	0 13	0 14	0 14	0 15	0 16	0 17
0 65	0 14	0 15	0 16	0 16	0 17	0 18
0 70	0 15	0 16	0 17	0 18	0 18	0 19
0 75	0 16	0 17	0 18	0 19	0 20	0 21
0 80	0 17	0 18	0 19	0 20	0 21	0 22
0 85	0 18	0 19	0 20	0 21	0 22	0 23
0 90	0 19	0 20	0 22	0 23	0 24	0 25
0 95	0 20	0 22	0 23	0 24	0 25	0 26
1 »	0 22	0 23	0 24	0 25	0 26	0 28
2 »	0 43	0 46	0 48	0 50	0 53	0 55
3 »	0 65	0 68	0 72	0 76	0 79	0 83
4 »	0 86	0 91	0 96	1 01	1 06	1 10
5 »	1 08	1 14	1 20	1 26	1 32	1 38
6 »	1 30	1 37	1 44	1 51	1 58	1 66
7 »	1 51	1 60	1 68	1 76	1 85	1 94
8 »	1 73	1 82	1 92	2 02	2 11	2 21
9 »	1 94	2 05	2 16	2 27	2 38	2 48
10 »	2 16	2 28	2 40	2 52	2 64	2 76
11 »	2 38	2 51	2 64	2 77	2 90	3 04
12 »	2 59	2 74	2 88	3 02	3 17	3 31

LONGUEURS.	13	14	15	16	17	18
0 05	0 008	0 009	0 010	0 010	0 011	0 012
0 10	0 017	0 018	0 019	0 021	0 022	0 023
0 15	0 025	0 027	0 029	0 031	0 033	0 035
0 20	0 034	0 036	0 039	0 042	0 044	0 047
0 25	0 042	0 045	0 048	0 052	0 055	0 058
0 30	0 051	0 055	0 058	0 062	0 066	0 070
0 35	0 059	0 064	0 068	0 073	0 077	0 082
0 40	0 068	0 073	0 078	0 083	0 088	0 094
0 45	0 076	0 082	0 088	0 093	0 10	0 11
0 50	0 084	0 091	0 097	0 10	0 11	0 12
0 55	0 092	0 10	0 11	0 11	0 12	0 13
0 60	0 10	0 11	0 12	0 12	0 13	0 14
0 65	0 11	0 12	0 13	0 13	0 14	0 15
0 70	0 12	0 13	0 14	0 15	0 15	0 16
0 75	0 13	0 14	0 15	0 16	0 17	0 18
0 80	0 13	0 15	0 16	0 17	0 18	0 19
0 85	0 14	0 15	0 17	0 18	0 19	0 20
0 90	0 15	0 16	0 17	0 19	0 20	0 21
0 95	0 16	0 17	0 18	0 20	0 21	0 22
1 »	0 17	0 18	0 19	0 21	0 22	0 23
2 »	0 34	0 36	0 39	0 42	0 44	0 47
3 »	0 51	0 55	0 58	0 62	0 66	0 70
4 »	0 68	0 73	0 78	0 83	0 88	0 94
5 »	0 84	0 91	0 97	1 04	1 10	1 17
6 »	1 01	1 09	1 17	1 25	1 33	1 40
7 »	1 18	1 27	1 36	1 46	1 55	1 64
8 »	1 35	1 46	1 56	1 66	1 77	1 87
9 »	1 52	1 64	1 75	1 87	1 99	2 11
10 »	1 69	1 82	1 95	2 08	2 21	2 34
11 »	1 86	2 »	2 14	2 29	2 43	2 57
12 »	2 03	2 18	2 34	2 50	2 65	2 81

LONGUEURS.	19	20	21	22	23	24
0 05	0 012	0 013	0 014	0 014	0 015	0 016
0 10	0 025	0 026	0 027	0 029	0 030	0 031
0 15	0 037	0 039	0 041	0 043	0 045	0 047
0 20	0 049	0 052	0 055	0 057	0 060	0 062
0 25	0 062	0 065	0 068	0 071	0 075	0 078
0 30	0 074	0 078	0 082	0 086	0 090	0 094
0 35	0 086	0 091	0 095	0 10	0 10	0 11
0 40	0 099	0 10	0 11	0 11	0 12	0 12
0 45	0 11	0 12	0 12	0 13	0 13	0 14
0 50	0 12	0 13	0 14	0 14	0 15	0 16
0 55	0 14	0 14	0 15	0 16	0 16	0 17
0 60	0 15	0 16	0 16	0 17	0 18	0 19
0 65	0 16	0 17	0 18	0 19	0 19	0 20
0 70	0 17	0 18	0 19	0 20	0 21	0 22
0 75	0 18	0 19	0 20	0 21	0 22	0 23
0 80	0 20	0 21	0 22	0 23	0 24	0 25
0 85	0 21	0 22	0 23	0 24	0 25	0 26
0 90	0 22	0 23	0 25	0 26	0 27	0 28
0 95	0 23	0 25	0 26	0 27	0 28	0 30
1 »	0 25	0 26	0 27	0 29	0 30	0 31
2 »	0 49	0 52	0 55	0 57	0 60	0 62
3 »	0 74	0 78	0 82	0 86	0 90	0 94
4 »	0 99	1 04	1 09	1 14	1 20	1 25
5 »	1 23	1 30	1 36	1 43	1 49	1 56
6 »	1 48	1 56	1 64	1 72	1 79	1 87
7 »	1 73	1 82	1 91	2 »	2 09	2 18
8 »	1 98	2 08	2 18	2 29	2 39	2 50
9 »	2 22	2 34	2 46	2 57	2 69	2 81
10 »	2 47	2 60	2 73	2 86	2 99	3 12
11 »	2 72	2 86	3 »	3 15	3 29	3 43
12 »	2 96	3 12	3 28	3 43	3 59	3 74

LONGUEURS.	14	15	16	17	18	19
0 05	0 010	0 010	0 011	0 012	0 013	0 013
0 10	0 020	0 021	0 022	0 024	0 025	0 027
0 15	0 029	0 031	0 034	0 036	0 038	0 040
0 20	0 039	0 042	0 045	0 047	0 050	0 053
0 25	0 049	0 052	0 056	0 059	0 063	0 066
0 30	0 059	0 063	0 067	0 071	0 076	0 080
0 35	0 068	0 073	0 078	0 083	0 088	0 093
0 40	0 078	0 084	0 090	0 095	0 10	0 11
0 45	0 088	0 094	0 10	0 11	0 11	0 12
0 50	0 098	0 10	0 11	0 12	0 13	0 13
0 55	0 11	0 12	0 12	0 13	0 14	0 15
0 60	0 12	0 13	0 13	0 14	0 15	0 16
0 65	0 13	0 14	0 14	0 15	0 16	0 17
0 70	0 14	0 15	0 16	0 17	0 18	0 19
0 75	0 15	0 16	0 17	0 18	0 19	0 20
0 80	0 16	0 17	0 18	0 19	0 20	0 21
0 85	0 17	0 18	0 19	0 20	0 21	0 23
0 90	0 18	0 19	0 20	0 21	0 23	0 24
0 95	0 19	0 20	0 21	0 23	0 24	0 25
1 »	0 20	0 21	0 22	0 24	0 25	0 27
2 »	0 39	0 42	0 45	0 48	0 50	0 53
3 »	0 59	0 63	0 67	0 71	0 76	0 80
4 »	0 78	0 84	0 90	0 95	1 01	1 06
5 »	0 98	1 05	1 12	1 19	1 26	1 33
6 »	1 18	1 26	1 34	1 43	1 51	1 60
7 »	1 37	1 47	1 57	1 67	1 76	1 86
8 »	1 57	1 68	1 79	1 90	2 02	2 13
9 »	1 76	1 89	2 02	2 14	2 27	2 39
10 »	1 96	2 10	2 24	2 38	2 52	2 66
11 »	2 16	2 31	2 46	2 62	2 77	2 93
12 »	2 35	2 52	2 69	2 86	3 02	3 19

LONGUEURS.	20	21	22	23	24	25
0 05	0 014	0 015	0 015	0 016	0 017	0 017
0 10	0 028	0 029	0 031	0 032	0 034	0 035
0 15	0 042	0 044	0 046	0 048	0 050	0 052
0 20	0 056	0 059	0 062	0 064	0 067	0 070
0 25	0 070	0 073	0 077	0 080	0 084	0 087
0 30	0 084	0 088	0 092	0 097	0 10	0 10
0 35	0 098	0 10	0 11	0 11	0 12	0 12
0 40	0 11	0 12	0 12	0 13	0 13	0 14
0 45	0 13	0 13	0 14	0 14	0 15	0 16
0 50	0 14	0 15	0 15	0 16	0 17	0 17
0 55	0 15	0 16	0 17	0 18	0 18	0 19
0 60	0 17	0 18	0 18	0 19	0 20	0 21
0 65	0 18	0 19	0 20	0 21	0 22	0 23
0 70	0 20	0 21	0 22	0 22	0 23	0 24
0 75	0 21	0 22	0 23	0 24	0 25	0 26
0 80	0 22	0 23	0 25	0 26	0 27	0 28
0 85	0 24	0 25	0 26	0 27	0 29	0 30
0 90	0 25	0 26	0 28	0 29	0 30	0 31
0 95	0 27	0 28	0 29	0 31	0 32	0 33
1 »	0 28	0 29	0 31	0 32	0 34	0 35
2 »	0 56	0 59	0 62	0 64	0 67	0 70
3 »	0 84	0 88	0 92	0 97	1 01	1 05
4 »	1 12	1 18	1 23	1 29	1 34	1 40
5 »	1 40	1 47	1 54	1 61	1 68	1 75
6 »	1 68	1 76	1 85	1 93	2 02	2 10
7 »	1 96	2 06	2 16	2 25	2 35	2 45
8 »	2 24	2 35	2 46	2 58	2 69	2 80
9 »	2 52	2 65	2 77	2 90	3 02	3 15
10 »	2 80	2 94	3 08	3 22	3 36	3 50
11 »	3 08	3 23	3 39	3 54	3 70	3 85
12 »	3 36	3 53	3 70	3 86	4 03	4 20

LONGUEURS.	15	16	17	18	19	20
0 05	0 011	0 012	0 013	0 013	0 014	0 015
0 10	0 022	0 024	0 025	0 027	0 028	0 030
0 15	0 034	0 036	0 038	0 040	0 043	0 045
0 20	0 045	0 048	0 051	0 054	0 057	0 060
0 25	0 056	0 060	0 063	0 067	0 071	0 075
0 30	0 067	0 072	0 076	0 081	0 085	0 090
0 35	0 079	0 084	0 089	0 094	0 098	0 10
0 40	0 090	0 096	0 10	0 11	0 11	0 12
0 45	0 10	0 11	0 11	0 12	0 13	0 13
0 50	0 11	0 12	0 13	0 13	0 14	0 15
0 55	0 12	0 13	0 14	0 15	0 16	0 16
0 60	0 13	0 14	0 15	0 16	0 17	0 18
0 65	0 15	0 16	0 17	0 18	0 19	0 19
0 70	0 16	0 17	0 18	0 19	0 20	0 21
0 75	0 17	0 18	0 19	0 20	0 21	0 22
0 80	0 18	0 19	0 20	0 22	0 23	0 24
0 85	0 19	0 20	0 22	0 23	0 24	0 25
0 90	0 20	0 22	0 23	0 24	0 26	0 27
0 95	0 21	0 23	0 24	0 26	0 27	0 28
1 »	0 22	0 24	0 25	0 27	0 28	0 30
2 »	0 45	0 48	0 51	0 54	0 57	0 60
3 »	0 67	0 72	0 76	0 81	0 85	0 90
4 »	0 90	0 96	1 02	1 08	1 14	1 20
5 »	1 12	1 20	1 27	1 35	1 42	1 50
6 »	1 35	1 44	1 53	1 62	1 71	1 80
7 »	1 57	1 68	1 78	1 89	1 99	2 10
8 »	1 80	1 92	2 04	2 16	2 28	2 40
9 »	2 02	2 16	2 29	2 43	2 56	2 70
10 »	2 25	2 40	2 55	2 70	2 85	3 »
11 »	2 47	2 64	2 80	2 97	3 13	3 30
12 »	2 70	2 88	3 06	3 24	3 42	3 60

LONGUEURS.	21	22	23	24	25	26
0 05	0 016	0 016	0 017	0 018	0 019	0 019
0 10	0 031	0 033	0 034	0 036	0 037	0 039
0 15	0 047	0 049	0 052	0 054	0 056	0 058
0 20	0 063	0 066	0 069	0 072	0 075	0 078
0 25	0 079	0 082	0 086	0 090	0 093	0 097
0 30	0 094	0 099	0 10	0 11	0 11	0 12
0 35	0 11	0 12	0 12	0 13	0 13	0 14
0 40	0 13	0 13	0 14	0 14	0 15	0 16
0 45	0 14	0 15	0 15	0 16	0 17	0 18
0 50	0 16	0 16	0 17	0 18	0 19	0 19
0 55	0 17	0 18	0 19	0 20	0 21	0 21
0 60	0 19	0 20	0 21	0 22	0 22	0 23
0 65	0 20	0 21	0 22	0 23	0 24	0 25
0 70	0 22	0 23	0 24	0 25	0 26	0 27
0 75	0 24	0 25	0 26	0 27	0 28	0 29
0 80	0 25	0 26	0 28	0 29	0 30	0 31
0 85	0 27	0 28	0 29	0 31	0 32	0 33
0 90	0 28	0 30	0 31	0 32	0 34	0 35
0 95	0 30	0 31	0 32	0 34	0 36	0 37
1 »	0 31	0 33	0 34	0 36	0 37	0 39
2 »	0 63	0 66	0 69	0 72	0 75	0 78
3 »	0 94	0 99	1 03	1 08	1 12	1 17
4 »	1 26	1 32	1 38	1 44	1 50	1 56
5 »	1 57	1 65	1 72	1 80	1 87	1 95
6 »	1 89	1 98	2 07	2 16	2 25	2 34
7 »	2 20	2 31	2 41	2 52	2 62	2 73
8 »	2 52	2 64	2 76	2 88	3 »	3 12
9 »	2 83	2 97	3 10	3 24	3 37	3 51
10 »	3 15	3 30	3 45	3 60	3 75	3 90
11 »	3 46	3 63	3 79	3 96	4 12	4 29
12 »	3 78	3 96	4 14	4 32	4 50	4 68

LONGUEURS.	16	17	18	19	20	21
0 05	0 013	0 014	0 014	0 015	0 016	0 017
0 10	0 026	0 027	0 029	0 030	0 032	0 034
0 15	0 038	0 041	0 043	0 045	0 048	0 050
0 20	0 051	0 054	0 058	0 061	0 064	0 067
0 25	0 064	0 068	0 072	0 076	0 080	0 084
0 30	0 077	0 082	0 086	0 091	0 096	0 10
0 35	0 089	0 095	0 10	0 11	0 11	0 12
0 40	0 10	0 11	0 11	0 12	0 13	0 13
0 45	0 11	0 12	0 13	0 14	0 14	0 15
0 50	0 13	0 13	0 14	0 15	0 16	0 17
0 55	0 14	0 15	0 16	0 17	0 18	0 18
0 60	0 15	0 16	0 17	0 18	0 19	0 20
0 65	0 16	0 18	0 19	0 20	0 21	0 22
0 70	0 18	0 19	0 20	0 21	0 22	0 23
0 75	0 19	0 20	0 22	0 23	0 24	0 25
0 80	0 20	0 22	0 23	0 24	0 26	0 27
0 85	0 22	0 23	0 24	0 26	0 27	0 29
0 90	0 23	0 24	0 26	0 27	0 29	0 30
0 95	0 24	0 26	0 27	0 29	0 30	0 32
1 »	0 26	0 27	0 29	0 30	0 32	0 34
2 »	0 51	0 54	0 58	0 61	0 64	0 67
3 »	0 77	0 82	0 86	0 91	0 96	1 01
4 »	1 02	1 09	1 15	1 22	1 28	1 34
5 »	1 28	1 36	1 44	1 52	1 60	1 68
6 »	1 54	1 63	1 73	1 82	1 92	2 02
7 »	1 79	1 90	2 02	2 13	2 24	2 35
8 »	2 05	2 18	2 30	2 43	2 56	2 69
9 »	2 30	2 45	2 59	2 74	2 88	3 02
10 »	2 56	2 72	2 88	3 04	3 20	3 36
11 »	2 82	2 99	3 17	3 34	3 52	3 70
12 »	3 07	3 26	3 46	3 65	3 84	4 03

LONGUEURS.	22	23	24	25	26	27
0 05	0 018	0 018	0 019	0 020	0 021	0 022
0 10	0 035	0 037	0 038	0 040	0 042	0 043
0 15	0 053	0 055	0 057	0 060	0 062	0 065
0 20	0 070	0 074	0 077	0 080	0 083	0 086
0 25	0 088	0 092	0 096	0 10	0 10	0 11
0 30	0 11	0 11	0 11	0 12	0 12	0 13
0 35	0 12	0 13	0 13	0 14	0 15	0 15
0 40	0 14	0 15	0 15	0 16	0 17	0 17
0 45	0 16	0 17	0 17	0 18	0 19	0 19
0 50	0 18	0 18	0 19	0 20	0 21	0 22
0 55	0 19	0 20	0 21	0 22	0 23	0 24
0 60	0 21	0 22	0 23	0 24	0 25	0 26
0 65	0 23	0 24	0 25	0 26	0 27	0 28
0 70	0 25	0 26	0 27	0 28	0 29	0 30
0 75	0 26	0 28	0 29	0 30	0 31	0 32
0 80	0 28	0 29	0 31	0 32	0 33	0 35
0 85	0 30	0 31	0 33	0 34	0 35	0 37
0 90	0 32	0 33	0 35	0 36	0 37	0 39
0 95	0 33	0 35	0 36	0 38	0 39	0 41
1 »	0 35	0 37	0 38	0 40	0 42	0 43
2 »	0 70	0 74	0 77	0 80	0 83	0 86
3 »	1 06	1 10	1 15	1 20	1 25	1 30
4 »	1 41	1 47	1 54	1 60	1 66	1 73
5 »	1 76	1 84	1 92	2 »	2 08	2 16
6 »	2 11	2 21	2 30	2 40	2 50	2 59
7 »	2 46	2 58	2 69	2 80	2 91	3 02
8 »	2 82	2 94	3 07	3 20	3 33	3 46
9 »	3 17	3 31	3 46	3 60	3 74	3 89
10 »	3 52	3 68	3 84	4 »	4 16	4 32
11 »	3 87	4 05	4 22	4 40	4 58	4 75
12 »	4 22	4 42	4 61	4 80	4 99	5 18

LONGUEURS.	17	18	19	20	21	22
0 05	0 014	0 015	0 016	0 017	0 018	0 019
0 10	0 029	0 031	0 032	0 034	0 036	0 037
0 15	0 043	0 046	0 048	0 051	0 053	0 056
0 20	0 058	0 061	0 065	0 068	0 071	0 075
0 25	0 072	0 076	0 080	0 085	0 089	0 093
0 30	0 087	0 092	0 097	0 10	0 11	0 11
0 35	0 10	0 11	0 11	0 12	0 12	0 13
0 40	0 12	0 12	0 13	0 14	0 14	0 15
0 45	0 13	0 14	0 15	0 15	0 16	0 17
0 50	0 14	0 15	0 16	0 17	0 18	0 19
0 55	0 16	0 17	0 18	0 19	0 20	0 21
0 60	0 17	0 18	0 19	0 20	0 21	0 22
0 65	0 19	0 20	0 21	0 22	0 23	0 24
0 70	0 20	0 21	0 23	0 24	0 25	0 26
0 75	0 22	0 23	0 24	0 25	0 27	0 28
0 80	0 23	0 24	0 26	0 27	0 29	0 30
0 85	0 25	0 26	0 27	0 29	0 30	0 32
0 90	0 26	0 27	0 29	0 31	0 32	0 34
0 95	0 27	0 29	0 31	0 32	0 34	0 35
1 »	0 29	0 31	0 32	0 34	0 36	0 37
2 »	0 58	0 61	0 65	0 68	0 71	0 75
3 »	0 87	0 92	0 97	1 02	1 07	1 12
4 »	1 16	1 22	1 29	1 36	1 43	1 50
5 »	1 44	1 53	1 61	1 70	1 78	1 87
6 »	1 73	1 84	1 94	2 04	2 14	2 24
7 »	2 02	2 14	2 26	2 38	2 50	2 62
8 »	2 31	2 45	2 58	2 72	2 86	2 99
9 »	2 60	2 75	2 91	3 06	3 21	3 37
10 »	2 89	3 06	3 23	3 40	3 57	3 74
11 »	3 18	3 37	3 55	3 74	3 93	4 11
12 »	3 47	3 67	3 88	4 08	4 28	4 49

LONGUEURS.	23	24	25	26	27	28
0 05	0 020	0 020	0 021	0 022	0 023	0 024
0 10	0 039	0 041	0 042	0 044	0 046	0 048
0 15	0 059	0 061	0 064	0 066	0 069	0 071
0 20	0 078	0 082	0 085	0 088	0 092	0 095
0 25	0 098	0 10	0 11	0 11	0 11	0 12
0 30	0 12	0 12	0 13	0 13	0 14	0 14
0 35	0 14	0 14	0 15	0 15	0 16	0 17
0 40	0 16	0 16	0 17	0 18	0 18	0 19
0 45	0 18	0 18	0 19	0 20	0 21	0 21
0 50	0 20	0 20	0 21	0 22	0 23	0 24
0 55	0 21	0 22	0 23	0 24	0 25	0 26
0 60	0 23	0 24	0 25	0 26	0 27	0 29
0 65	0 25	0 27	0 28	0 29	0 30	0 31
0 70	0 27	0 29	0 30	0 31	0 32	0 33
0 75	0 29	0 31	0 32	0 33	0 35	0 36
0 80	0 31	0 33	0 34	0 35	0 37	0 38
0 85	0 33	0 35	0 36	0 38	0 39	0 40
0 90	0 35	0 37	0 38	0 40	0 41	0 43
0 95	0 37	0 39	0 40	0 42	0 44	0 45
1 »	0 39	0 41	0 42	0 44	0 46	0 48
2 »	0 78	0 82	0 85	0 88	0 92	0 95
3 »	1 17	1 22	1 27	1 33	1 38	1 43
4 »	1 56	1 63	1 70	1 77	1 84	1 90
5 »	1 95	2 04	2 12	2 21	2 29	2 38
6 »	2 35	2 45	2 55	2 65	2 75	2 86
7 »	2 74	2 86	2 97	3 09	3 21	3 33
8 »	3 13	3 26	3 40	3 54	3 67	3 81
9 »	3 52	3 67	3 82	3 98	4 13	4 28
10 »	3 91	4 08	4 25	4 42	4 59	4 76
11 »	4 30	4 49	4 67	4 86	5 05	5 24
12 »	4 69	4 90	5 10	5 30	5 51	5 71

LONGUEURS.	18	19	20	21	22	23
0 05	0 016	0 017	0 018	0 019	0 020	0 021
0 10	0 032	0 034	0 036	0 038	0 040	0 041
0 15	0 049	0 051	0 054	0 057	0 059	0 062
0 20	0 065	0 068	0 072	0 076	0 079	0 083
0 25	0 081	0 085	0 090	0 094	0 099	0 10
0 30	0 097	0 10	0 11	0 11	0 12	0 12
0 35	0 11	0 12	0 13	0 13	0 14	0 14
0 40	0 13	0 14	0 14	0 15	0 16	0 17
0 45	0 15	0 15	0 16	0 17	0 18	0 19
0 50	0 16	0 17	0 18	0 19	0 20	0 21
0 55	0 18	0 19	0 20	0 21	0 22	0 23
0 60	0 19	0 21	0 22	0 23	0 24	0 25
0 65	0 21	0 22	0 23	0 25	0 26	0 27
0 70	0 23	0 24	0 25	0 26	0 28	0 29
0 75	0 24	0 26	0 27	0 28	0 30	0 31
0 80	0 26	0 27	0 29	0 30	0 32	0 33
0 85	0 28	0 29	0 31	0 32	0 34	0 35
0 90	0 29	0 31	0 32	0 34	0 36	0 37
0 95	0 31	0 32	0 34	0 36	0 38	0 39
1 »	0 32	0 34	0 36	0 38	0 40	0 41
2 »	0 65	0 68	0 72	0 76	0 79	0 83
3 »	0 97	1 03	1 08	1 13	1 19	1 24
4 »	1 30	1 37	1 44	1 51	1 58	1 66
5 »	1 62	1 71	1 80	1 89	1 98	2 07
6 »	1 94	2 05	2 16	2 27	2 38	2 48
7 »	2 27	2 39	2 52	2 65	2 77	2 90
8 »	2 59	2 74	2 88	3 02	3 17	3 31
9 »	2 92	3 08	3 24	3 40	3 56	3 73
10 »	3 24	3 42	3 60	3 78	3 96	4 14
11 »	3 56	3 76	3 96	4 16	4 36	4 55
12 »	3 89	4 10	4 32	4 54	4 75	4 97

LONGUEURS.	24	25	26	27	28	29
0 05	0 022	0 022	0 023	0 024	0 025	0 026
0 10	0 043	0 045	0 047	0 049	0 050	0 052
0 15	0 065	0 067	0 070	0 073	0 076	0 078
0 20	0 086	0 090	0 094	0 097	0 10	0 10
0 25	0 11	0 11	0 12	0 12	0 13	0 13
0 30	0 13	0 13	0 14	0 15	0 15	0 16
0 35	0 15	0 16	0 16	0 17	0 18	0 18
0 40	0 17	0 18	0 19	0 19	0 20	0 21
0 45	0 19	0 20	0 21	0 22	0 23	0 23
0 50	0 22	0 22	0 23	0 24	0 25	0 26
0 55	0 24	0 25	0 26	0 27	0 28	0 29
0 60	0 26	0 27	0 28	0 29	0 30	0 31
0 65	0 28	0 29	0 30	0 32	0 33	0 34
0 70	0 30	0 31	0 33	0 34	0 35	0 37
0 75	0 32	0 34	0 35	0 36	0 38	0 39
0 80	0 35	0 36	0 37	0 39	0 40	0 42
0 85	0 37	0 38	0 40	0 41	0 43	0 44
0 90	0 39	0 40	0 42	0 44	0 45	0 47
0 95	0 41	0 43	0 44	0 46	0 48	0 50
1 »	0 43	0 45	0 47	0 49	0 50	0 52
2 »	0 86	0 90	0 94	0 97	1 01	1 04
3 »	1 30	1 35	1 40	1 46	1 51	1 57
4 »	1 73	1 80	1 87	1 94	2 02	2 09
5 »	2 16	2 25	2 34	2 43	2 52	2 61
6 »	2 59	2 70	2 81	2 92	3 02	3 13
7 »	3 02	3 15	3 28	3 40	3 53	3 65
8 »	3 46	3 60	3 74	3 89	4 03	4 18
9 »	3 89	4 05	4 21	4 37	4 54	4 70
10 »	4 32	4 50	4 68	4 86	5 04	5 22
11 »	4 75	4 95	5 15	5 35	5 54	5 74
12 »	5 18	5 40	5 62	5 83	6 05	6 26

LONGUEURS.	19	20	21	22	23	24
0 05	0 018	0 019	0 020	0 021	0 022	0 023
0 10	0 036	0 038	0 040	0 042	0 044	0 046
0 15	0 054	0 057	0 060	0 063	0 066	0 068
0 20	0 072	0 076	0 080	0 084	0 087	0 091
0 25	0 090	0 095	0 10	0 10	0 11	0 11
0 30	0 11	0 11	0 12	0 12	0 13	0 14
0 35	0 13	0 13	0 14	0 15	0 15	0 16
0 40	0 14	0 15	0 16	0 17	0 17	0 18
0 45	0 16	0 17	0 18	0 19	0 20	0 21
0 50	0 18	0 19	0 20	0 21	0 22	0 23
0 55	0 20	0 21	0 22	0 23	0 24	0 25
0 60	0 22	0 23	0 24	0 25	0 26	0 27
0 65	0 23	0 25	0 26	0 27	0 28	0 30
0 70	0 25	0 27	0 28	0 29	0 31	0 32
0 75	0 27	0 28	0 30	0 31	0 33	0 34
0 80	0 29	0 30	0 32	0 33	0 35	0 36
0 85	0 31	0 32	0 34	0 36	0 37	0 39
0 90	0 33	0 34	0 36	0 38	0 39	0 41
0 95	0 34	0 36	0 38	0 40	0 42	0 43
1 »	0 36	0 38	0 40	0 42	0 44	0 46
2 »	0 72	0 76	0 80	0 84	0 87	0 91
3 »	1 08	1 14	1 20	1 25	1 31	1 37
4 »	1 44	1 52	1 60	1 67	1 75	1 82
5 »	1 80	1 90	1 99	2 09	2 18	2 28
6 »	2 17	2 28	2 39	2 51	2 62	2 74
7 »	2 53	2 66	2 79	2 93	3 06	3 19
8 »	2 89	3 04	3 19	3 34	3 50	3 65
9 »	3 25	3 42	3 59	3 76	3 93	4 11
10 »	3 61	3 80	3 99	4 18	4 37	4 56
11 »	3 97	4 18	4 39	4 60	4 81	5 02
12 »	4 33	4 56	4 79	5 02	5 24	5 47

LONGUEURS.	25	26	27	28	29	30
0 05	0 024	0 025	0 026	0 027	0 028	0 028
0 10	0 047	0 049	0 051	0 053	0 055	0 057
0 15	0 071	0 074	0 077	0 080	0 083	0 085
0 20	0 095	0 099	0 10	0 11	0 11	0 11
0 25	0 12	0 12	0 12	0 13	0 14	0 14
0 30	0 14	0 15	0 15	0 16	0 17	0 17
0 35	0 17	0 17	0 18	0 19	0 19	0 20
0 40	0 19	0 20	0 21	0 21	0 22	0 23
0 45	0 21	0 22	0 23	0 24	0 25	0 26
0 50	0 24	0 25	0 26	0 27	0 28	0 28
0 55	0 26	0 27	0 28	0 29	0 30	0 31
0 60	0 28	0 30	0 31	0 32	0 33	0 34
0 65	0 31	0 32	0 33	0 35	0 36	0 37
0 70	0 33	0 35	0 36	0 37	0 39	0 40
0 75	0 36	0 37	0 38	0 40	0 41	0 43
0 80	0 38	0 40	0 41	0 43	0 44	0 46
0 85	0 40	0 42	0 44	0 45	0 47	0 48
0 90	0 43	0 44	0 46	0 48	0 50	0 51
0 95	0 45	0 47	0 49	0 51	0 52	0 54
1 »	0 47	0 49	0 51	0 53	0 55	0 57
2 »	0 95	0 99	1 03	1 06	1 10	1 14
3 »	1 42	1 48	1 54	1 60	1 65	1 71
4 »	1 90	1 98	2 05	2 13	2 20	2 28
5 »	2 37	2 47	2 56	2 66	2 75	2 85
6 »	2 85	2 96	3 08	3 19	3 31	3 42
7 »	3 32	3 46	3 59	3 72	3 86	3 99
8 »	3 80	3 95	4 10	4 26	4 41	4 56
9 »	4 27	4 45	4 62	4 79	4 96	5 13
10 »	4 75	4 94	5 13	5 32	5 51	5 70
11 »	5 22	5 43	5 64	5 85	6 06	6 27
12 »	5 70	5 93	6 16	6 38	6 61	6 84

LONGUEURS.	20	21	22	23	24	25
0 05	0 020	0 021	0 022	0 023	0 024	0 025
0 10	0 040	0 042	0 044	0 046	0 048	0 050
0 15	0 060	0 063	0 066	0 069	0 072	0 075
0 20	0 080	0 084	0 088	0 092	0 096	0 10
0 25	0 10	0 10	0 11	0 11	0 12	0 12
0 30	0 12	0 13	0 13	0 14	0 14	0 15
0 35	0 14	0 15	0 15	0 16	0 17	0 17
0 40	0 16	0 17	0 18	0 18	0 19	0 20
0 45	0 18	0 19	0 20	0 21	0 22	0 22
0 50	0 20	0 21	0 22	0 23	0 24	0 25
0 55	0 22	0 23	0 24	0 25	0 26	0 27
0 60	0 24	0 25	0 26	0 28	0 29	0 30
0 65	0 26	0 27	0 29	0 30	0 31	0 32
0 70	0 28	0 29	0 31	0 32	0 34	0 35
0 75	0 30	0 31	0 33	0 34	0 36	0 37
0 80	0 32	0 34	0 35	0 37	0 38	0 40
0 85	0 34	0 36	0 37	0 39	0 41	0 42
0 90	0 36	0 38	0 40	0 41	0 43	0 45
0 95	0 38	0 40	0 42	0 44	0 46	0 47
1 »	0 40	0 42	0 44	0 46	0 48	0 50
2 »	0 80	0 84	0 88	0 92	0 96	1 »
3 »	1 20	1 26	1 32	1 38	1 44	1 50
4 »	1 60	1 68	1 76	1 84	1 92	2 »
5 »	2 »	2 10	2 20	2 30	2 40	2 50
6 »	2 40	2 52	2 64	2 76	2 88	3 »
7 »	2 80	2 94	3 08	3 22	3 36	3 50
8 »	3 20	3 36	3 52	3 68	3 84	4 »
9 »	3 60	3 78	3 96	4 14	4 32	4 50
10 »	4 »	4 20	4 40	4 60	4 80	5 »
11 »	4 40	4 62	4 84	5 06	5 28	5 50
12 »	4 80	5 04	5 28	5 52	5 76	6 »

LONGUEURS.	26	27	28	29	30	31
0 05	0 026	0 027	0 028	0 029	0 030	0 031
0 10	0 052	0 054	0 056	0 058	0 060	0 062
0 15	0 078	0 081	0 084	0 087	0 090	0 093
0 20	0 10	0 11	0 11	0 12	0 12	0 12
0 25	0 13	0 13	0 14	0 14	0 15	0 15
0 30	0 16	0 16	0 17	0 17	0 18	0 19
0 35	0 18	0 19	0 20	0 20	0 21	0 22
0 40	0 21	0 22	0 22	0 23	0 24	0 25
0 45	0 23	0 24	0 25	0 26	0 27	0 28
0 50	0 26	0 27	0 28	0 29	0 30	0 31
0 55	0 29	0 30	0 31	0 32	0 33	0 34
0 60	0 31	0 32	0 34	0 35	0 36	0 37
0 65	0 34	0 35	0 36	0 38	0 39	0 40
0 70	0 36	0 38	0 39	0 41	0 42	0 43
0 75	0 39	0 40	0 42	0 43	0 45	0 46
0 80	0 42	0 43	0 45	0 46	0 48	0 50
0 85	0 44	0 46	0 48	0 49	0 51	0 53
0 90	0 47	0 49	0 50	0 52	0 54	0 56
0 95	0 49	0 51	0 53	0 55	0 57	0 59
1 »	0 52	0 54	0 56	0 58	0 60	0 62
2 »	1 04	1 08	1 12	1 16	1 20	1 24
3 »	1 56	1 62	1 68	1 74	1 80	1 86
4 »	2 08	2 16	2 24	2 32	2 40	2 48
5 »	2 60	2 70	2 80	2 90	3 »	3 10
6 »	3 12	3 24	3 36	3 48	3 60	3 72
7 »	3 64	3 78	3 92	4 06	4 20	4 34
8 »	4 16	4 32	4 48	4 64	4 80	4 96
9 »	4 68	4 86	5 04	5 22	5 40	5 58
10 »	5 20	5 40	5 60	5 80	6 »	6 20
11 »	5 72	5 94	6 16	6 38	6 60	6 82
12 »	6 24	6 48	6 72	6 96	7 20	7 44

LONGUEURS.	21	22	23	24	25	26
0 05	0 022	0 023	0 024	0 025	0 026	0 027
0 10	0 044	0 046	0 048	0 050	0 052	0 055
0 15	0 066	0 069	0 072	0 076	0 079	0 082
0 20	0 088	0 092	0 097	0 10	0 10	0 11
0 25	0 11	0 12	0 12	0 13	0 13	0 14
0 30	0 13	0 14	0 14	0 15	0 16	0 16
0 35	0 15	0 16	0 17	0 18	0 18	0 19
0 40	0 18	0 18	0 19	0 20	0 21	0 22
0 45	0 20	0 21	0 22	0 23	0 24	0 25
0 50	0 22	0 23	0 24	0 25	0 26	0 27
0 55	0 24	0 25	0 27	0 28	0 29	0 30
0 60	0 26	0 28	0 29	0 30	0 31	0 33
0 65	0 29	0 30	0 31	0 33	0 34	0 35
0 70	0 31	0 32	0 34	0 35	0 37	0 38
0 75	0 33	0 33	0 36	0 38	0 39	0 41
0 80	0 35	0 37	0 39	0 40	0 42	0 44
0 85	0 37	0 39	0 41	0 43	0 45	0 46
0 90	0 40	0 42	0 43	0 45	0 47	0 49
0 95	0 42	0 44	0 46	0 48	0 50	0 52
1 »	0 44	0 46	0 48	0 50	0 52	0 55
2 »	0 88	0 92	0 97	1 01	1 05	1 09
3 »	1 32	1 39	1 45	1 51	1 57	1 64
4 »	1 76	1 85	1 93	2 02	2 10	2 18
5 »	2 20	2 31	2 41	2 52	2 62	2 73
6 »	2 65	2 77	2 90	3 02	3 15	3 28
7 »	3 09	3 23	3 38	3 53	3 67	3 82
8 »	3 53	3 70	3 86	4 03	4 20	4 37
9 »	3 97	4 16	4 35	4 54	4 72	4 91
10 »	4 41	4 62	4 83	5 04	5 25	5 46
11 »	4 85	5 08	5 31	5 54	5 77	6 01
12 »	5 29	5 54	5 80	6 05	6 30	6 55

LONGUEURS.	27	28	29	30	31	32
0 05	0 028	0 029	0 030	0 031	0 032	0 034
0 10	0 057	0 059	0 061	0 063	0 065	0 067
0 15	0 085	0 088	0 091	0 094	0 098	0 10
0 20	0 11	0 12	0 12	0 13	0 13	0 13
0 25	0 14	0 15	0 15	0 16	0 16	0 17
0 30	0 17	0 18	0 18	0 19	0 20	0 20
0 35	0 20	0 21	0 21	0 22	0 23	0 24
0 40	0 23	0 24	0 24	0 25	0 26	0 27
0 45	0 25	0 26	0 27	0 28	0 29	0 30
0 50	0 28	0 29	0 30	0 31	0 32	0 34
0 55	0 31	0 32	0 33	0 35	0 36	0 37
0 60	0 34	0 35	0 37	0 38	0 39	0 40
0 65	0 37	0 38	0 40	0 41	0 42	0 44
0 70	0 40	0 41	0 43	0 44	0 46	0 47
0 75	0 43	0 44	0 46	0 47	0 49	0 50
0 80	0 45	0 47	0 49	0 50	0 52	0 54
0 85	0 48	0 50	0 52	0 54	0 55	0 57
0 90	0 51	0 53	0 55	0 57	0 59	0 60
0 95	0 54	0 56	0 58	0 60	0 62	0 64
1 »	0 57	0 59	0 61	0 63	0 65	0 67
2 »	1 13	1 18	1 22	1 26	1 30	1 34
3 »	1 70	1 76	1 83	1 89	1 95	2 02
4 »	2 27	2 35	2 44	2 52	2 60	2 69
5 »	2 83	2 94	3 04	3 15	3 25	3 36
6 »	3 40	3 53	3 65	3 78	3 91	4 03
7 »	3 97	4 12	4 26	4 41	4 56	4 70
8 »	4 54	4 70	4 87	5 04	5 21	5 38
9 »	5 10	5 29	5 48	5 67	5 86	6 05
10 »	5 67	5 88	6 09	6 30	6 51	6 72
11 »	6 24	6 47	6 70	6 93	7 16	7 39
12 »	6 80	7 06	7 31	7 56	7 81	8 06

LONGUEURS	22	23	24	25	26	27
0 05	0 024	0 025	0 026	0 027	0 029	0 030
0 10	0 048	0 051	0 053	0 055	0 057	0 059
0 15	0 073	0 076	0 079	0 082	0 086	0 089
0 20	0 097	0 10	0 10	0 11	0 11	0 12
0 25	0 12	0 13	0 13	0 14	0 14	0 15
0 30	0 15	0 15	0 16	0 16	0 17	0 18
0 35	0 17	0 18	0 18	0 19	0 20	0 21
0 40	0 19	0 20	0 21	0 22	0 23	0 24
0 45	0 22	0 23	0 24	0 25	0 26	0 27
0 50	0 24	0 25	0 26	0 27	0 29	0 30
0 55	0 27	0 28	0 29	0 30	0 31	0 33
0 60	0 29	0 30	0 32	0 33	0 34	0 36
0 65	0 31	0 33	0 34	0 36	0 37	0 39
0 70	0 34	0 35	0 37	0 38	0 40	0 42
0 75	0 36	0 38	0 40	0 41	0 43	0 45
0 80	0 39	0 40	0 42	0 44	0 46	0 48
0 85	0 41	0 43	0 45	0 47	0 49	0 50
0 90	0 44	0 46	0 48	0 49	0 51	0 53
0 95	0 46	0 48	0 50	0 52	0 54	0 56
1 »	0 48	0 51	0 53	0 55	0 57	0 59
2 »	0 97	1 01	1 06	1 10	1 14	1 19
3 »	1 45	1 52	1 58	1 65	1 72	1 78
4 »	1 94	2 02	2 11	2 20	2 29	2 38
5 »	2 42	2 53	2 64	2 75	2 86	2 97
6 »	2 90	3 04	3 17	3 30	3 43	3 56
7 »	3 39	3 54	3 70	3 85	4 »	4 16
8 »	3 87	4 05	4 22	4 40	4 58	4 75
9 »	4 36	4 55	4 75	4 95	5 15	5 35
10 »	4 84	5 06	5 28	5 50	5 72	5 94
11 »	5 32	5 57	5 81	6 05	6 29	6 53
12 »	5 81	6 07	6 34	6 60	6 86	7 13

LONGUEURS.	28	29	30	31	32	33
0 05	0 031	0 032	0 033	0 034	0 035	0 036
0 10	0 062	0 064	0 066	0 068	0 070	0 073
0 15	0 092	0 096	0 099	0 10	0 11	0 11
0 20	0 12	0 13	0 13	0 14	0 14	0 14
0 25	0 15	0 16	0 16	0 17	0 18	0 18
0 30	0 18	0 19	0 20	0 20	0 21	0 22
0 35	0 22	0 22	0 23	0 24	0 25	0 25
0 40	0 25	0 26	0 26	0 27	0 28	0 29
0 45	0 28	0 29	0 30	0 31	0 32	0 33
0 50	0 31	0 32	0 33	0 34	0 35	0 36
0 55	0 34	0 35	0 36	0 37	0 39	0 40
0 60	0 37	0 38	0 40	0 41	0 42	0 44
0 65	0 40	0 41	0 43	0 44	0 46	0 47
0 70	0 43	0 45	0 46	0 48	0 49	0 51
0 75	0 46	0 48	0 49	0 51	0 53	0 54
0 80	0 49	0 51	0 53	0 55	0 56	0 58
0 85	0 52	0 54	0 56	0 58	0 60	0 62
0 90	0 55	0 57	0 59	0 61	0 63	0 65
0 95	0 59	0 61	0 63	0 65	0 67	0 69
1 »	0 62	0 64	0 66	0 68	0 70	0 73
2 »	1 23	1 28	1 32	1 36	1 41	1 45
3 »	1 85	1 91	1 98	2 05	2 11	2 18
4 »	2 46	2 55	2 64	2 73	2 82	2 90
5 »	3 08	3 19	3 30	3 41	3 52	3 63
6 »	3 70	3 83	3 96	4 09	4 22	4 36
7 »	4 31	4 47	4 62	4 77	4 93	5 08
8 »	4 93	5 10	5 28	5 46	5 63	5 81
9 »	5 54	5 74	5 94	6 14	6 34	6 53
10 »	6 16	6 38	6 60	6 82	7 04	7 26
11 »	6 78	7 02	7 26	7 50	7 74	7 99
12 »	7 39	7 66	7 92	8 18	8 45	8 71

LONGUEURS.	23	24	25	26	27	28
0 05	0 026	0 028	0 029	0 030	0 031	0 032
0 10	0 053	0 055	0 057	0 060	0 062	0 064
0 15	0 079	0 083	0 086	0 089	0 093	0 097
0 20	0 11	0 11	0 11	0 12	0 12	0 13
0 25	0 13	0 14	0 14	0 15	0 16	0 16
0 30	0 16	0 17	0 17	0 18	0 19	0 19
0 35	0 19	0 19	0 20	0 21	0 22	0 23
0 40	0 21	0 22	0 23	0 24	0 25	0 26
0 45	0 24	0 25	0 26	0 27	0 28	0 29
0 50	0 26	0 28	0 29	0 30	0 31	0 32
0 55	0 29	0 30	0 32	0 33	0 34	0 35
0 60	0 32	0 33	0 34	0 36	0 37	0 39
0 65	0 34	0 36	0 37	0 39	0 40	0 42
0 70	0 37	0 39	0 40	0 42	0 43	0 45
0 75	0 40	0 41	0 43	0 45	0 47	0 48
0 80	0 42	0 44	0 46	0 48	0 50	0 52
0 85	0 45	0 47	0 49	0 51	0 53	0 55
0 90	0 48	0 50	0 52	0 54	0 56	0 58
0 95	0 50	0 52	0 55	0 57	0 59	0 61
1 »	0 53	0 55	0 57	0 60	0 62	0 64
2 »	1 06	1 10	1 15	1 20	1 24	1 29
3 »	1 59	1 66	1 72	1 79	1 86	1 93
4 »	2 12	2 21	2 30	2 39	2 48	2 58
5 »	2 64	2 76	2 87	2 99	3 10	3 22
6 »	3 17	3 31	3 45	3 59	3 73	3 86
7 »	3 70	3 86	4 02	4 19	4 35	4 51
8 »	4 23	4 42	4 60	4 78	4 97	5 15
9 »	4 76	4 97	5 18	5 38	5 59	5 80
10 »	5 29	5 52	5 75	5 98	6 21	6 44
11 »	5 82	6 07	6 32	6 58	6 83	7 08
12 »	6 35	6 62	6 90	7 18	7 45	7 73

LONGUEURS.	29	30	31	32	33	34
0 05	0 033	0 034	0 036	0 037	0 038	0 039
0 10	0 067	0 069	0 071	0 074	0 076	0 078
0 15	0 10	0 10	0 11	0 11	0 11	0 12
0 20	0 13	0 14	0 14	0 15	0 15	0 16
0 25	0 17	0 17	0 18	0 18	0 19	0 20
0 30	0 20	0 21	0 21	0 22	0 23	0 23
0 35	0 23	0 24	0 25	0 26	0 27	0 27
0 40	0 27	0 28	0 29	0 29	0 30	0 31
0 45	0 30	0 31	0 32	0 33	0 34	0 35
0 50	0 33	0 34	0 36	0 37	0 38	0 39
0 55	0 37	0 38	0 39	0 40	0 42	0 43
0 60	0 40	0 41	0 43	0 44	0 46	0 47
0 65	0 43	0 45	0 46	0 48	0 49	0 51
0 70	0 47	0 48	0 50	0 52	0 53	0 55
0 75	0 50	0 52	0 53	0 55	0 57	0 59
0 80	0 53	0 55	0 57	0 59	0 61	0 63
0 85	0 57	0 59	0 61	0 63	0 64	0 66
0 90	0 60	0 62	0 64	0 66	0 68	0 70
0 95	0 63	0 66	0 68	0 70	0 72	0 74
1 »	0 67	0 69	0 71	0 74	0 76	0 78
2 »	1 33	1 38	1 43	1 47	1 52	1 56
3 »	2 »	2 07	2 14	2 21	2 28	2 35
4 »	2 67	2 76	2 85	2 94	3 04	3 13
5 »	3 33	3 45	3 56	3 68	3 79	3 91
6 »	4 »	4 14	4 28	4 42	4 55	4 69
7 »	4 67	4 83	4 99	5 15	5 31	5 47
8 »	5 34	5 52	5 70	5 89	6 07	6 26
9 »	6 »	6 21	6 42	6 62	6 83	7 04
10 »	6 67	6 90	7 13	7 36	7 59	7 82
11 »	7 34	7 59	7 84	8 10	8 35	8 60
12 »	8 »	8 28	8 56	8 83	9 11	9 38

LONGUEURS.	24	25	26	27	28	29
0 05	0 029	0 030	0 031	0 032	0 034	0 035
0 10	0 058	0 060	0 062	0 065	0 067	0 070
0 15	0 086	0 090	0 094	0 097	0 10	0 10
0 20	0 12	0 12	0 12	0 13	0 13	0 14
0 25	0 14	0 15	0 16	0 16	0 17	0 17
0 30	0 17	0 18	0 19	0 19	0 20	0 21
0 35	0 20	0 21	0 22	0 23	0 24	0 24
0 40	0 23	0 24	0 25	0 26	0 27	0 28
0 45	0 26	0 27	0 28	0 29	0 30	0 31
0 50	0 29	0 30	0 31	0 32	0 34	0 35
0 55	0 32	0 33	0 34	0 36	0 37	0 38
0 60	0 35	0 36	0 37	0 39	0 40	0 42
0 65	0 37	0 39	0 41	0 42	0 44	0 45
0 70	0 40	0 42	0 44	0 45	0 47	0 49
0 75	0 43	0 45	0 47	0 49	0 50	0 52
0 80	0 46	0 48	0 50	0 52	0 54	0 56
0 85	0 49	0 51	0 53	0 55	0 57	0 59
0 90	0 52	0 54	0 56	0 58	0 60	0 63
0 95	0 55	0 57	0 59	0 62	0 64	0 66
1 »	0 58	0 60	0 62	0 65	0 67	0 70
2 »	1 15	1 20	1 25	1 30	1 34	1 39
3 »	1 73	1 80	1 87	1 94	2 02	2 09
4 »	2 30	2 40	2 50	2 59	2 69	2 78
5 »	2 88	3 »	3 12	3 24	3 36	3 48
6 »	3 46	3 60	3 74	3 89	4 03	4 18
7 »	4 03	4 20	4 37	4 54	4 70	4 87
8 »	4 61	4 80	4 99	5 18	5 38	5 57
9 »	5 18	5 40	5 62	5 83	6 05	6 26
10 »	5 76	6 »	6 24	6 48	6 72	6 96
11 »	6 34	6 60	6 86	7 13	7 39	7 66
12 »	6 91	7 20	7 49	7 78	8 06	8 35

LONGUEURS	30	31	32	33	34	35
0 05	0 036	0 037	0 038	0 040	0 041	0 04
0 10	0 072	0 074	0 077	0 079	0 082	0 08
0 15	0 11	0 11	0 12	0 12	0 12	0 13
0 20	0 14	0 15	0 15	0 16	0 16	0 17
0 25	0 18	0 19	0 19	0 20	0 20	0 21
0 30	0 22	0 22	0 23	0 24	0 24	0 25
0 35	0 25	0 26	0 27	0 28	0 29	0 29
0 40	0 29	0 30	0 31	0 32	0 33	0 34
0 45	0 32	0 33	0 35	0 36	0 37	0 38
0 50	0 36	0 37	0 38	0 40	0 41	0 42
0 55	0 40	0 41	0 42	0 44	0 45	0 46
0 60	0 43	0 45	0 46	0 48	0 49	0 50
0 65	0 47	0 48	0 50	0 51	0 53	0 55
0 70	0 50	0 52	0 54	0 55	0 57	0 59
0 75	0 54	0 56	0 58	0 59	0 61	0 63
0 80	0 58	0 60	0 61	0 63	0 65	0 67
0 85	0 61	0 63	0 65	0 67	0 69	0 71
0 90	0 65	0 67	0 69	0 71	0 73	0 76
0 95	0 68	0 71	0 73	0 75	0 77	0 80
1 »	0 72	0 74	0 77	0 79	0 82	0 84
2 »	1 44	1 49	1 54	1 58	1 63	1 68
3 »	2 16	2 23	2 30	2 38	2 45	2 52
4 »	2 88	2 98	3 07	3 17	3 26	3 36
5 »	3 60	3 72	3 84	3 96	4 08	4 20
6 »	4 32	4 46	4 61	4 75	4 90	5 04
7 »	5 04	5 21	5 38	5 54	5 71	5 88
8 »	5 76	5 95	6 14	6 34	6 53	6 72
9 »	6 48	6 70	6 91	7 13	7 34	7 56
10 »	7 20	7 44	7 68	7 92	8 16	8 40
11 »	7 92	8 18	8 45	8 71	8 98	9 24
12 »	8 64	8 93	9 22	9 50	9 79	10 08

LONGUEURS.	25	26	27	28	29	30
0 05	0 031	0 032	0 034	0 035	0 036	0 037
0 10	0 062	0 065	0 067	0 070	0 072	0 075
0 15	0 094	0 097	0 10	0 10	0 11	0 11
0 20	0 12	0 13	0 13	0 14	0 14	0 15
0 25	0 16	0 16	0 17	0 17	0 18	0 19
0 30	0 19	0 19	0 20	0 21	0 22	0 22
0 35	0 22	0 23	0 24	0 24	0 25	0 26
0 40	0 25	0 26	0 27	0 28	0 29	0 30
0 45	0 28	0 29	0 30	0 31	0 33	0 34
0 50	0 31	0 32	0 34	0 35	0 36	0 37
0 55	0 34	0 36	0 37	0 38	0 40	0 41
0 60	0 37	0 39	0 40	0 42	0 43	0 45
0 65	0 41	0 42	0 44	0 45	0 47	0 49
0 70	0 44	0 45	0 47	0 49	0 51	0 52
0 75	0 47	0 49	0 51	0 52	0 54	0 56
0 80	0 50	0 52	0 54	0 56	0 58	0 60
0 85	0 53	0 55	0 57	0 59	0 62	0 64
0 90	0 56	0 58	0 61	0 63	0 65	0 67
0 95	0 59	0 62	0 64	0 66	0 69	0 71
1 »	0 62	0 65	0 67	0 70	0 72	0 75
2 »	1 25	1 30	1 35	1 40	1 45	1 50
3 »	1 87	1 95	2 02	2 10	2 17	2 25
4 »	2 50	2 60	2 70	2 80	2 90	3 »
5 »	3 12	3 25	3 37	3 50	3 62	3 75
6 »	3 75	3 90	4 05	4 20	4 35	4 50
7 »	4 37	4 55	4 72	4 90	5 07	5 25
8 »	5 »	5 20	5 40	5 60	5 80	6 »
9 »	5 62	5 85	6 07	6 30	6 52	6 75
10 »	6 25	6 50	6 75	7 »	7 25	7 50
11 »	6 87	7 15	7 42	7 70	7 97	8 25
12 »	7 50	7 80	8 10	8 40	8 70	9 »

LONGUEURS.	31	32	33	34	35	36
0 05	0 04	0 04	0 04	0 04	0 04	0 04
0 10	0 08	0 08	0 08	0 08	0 09	0 09
0 15	0 12	0 12	0 12	0 13	0 13	0 13
0 20	0 15	0 16	0 16	0 17	0 17	0 18
0 25	0 19	0 20	0 21	0 21	0 22	0 22
0 30	0 23	0 24	0 25	0 25	0 26	0 27
0 35	0 27	0 28	0 29	0 30	0 31	0 31
0 40	0 31	0 32	0 33	0 34	0 35	0 36
0 45	0 35	0 36	0 37	0 38	0 39	0 40
0 50	0 39	0 40	0 41	0 42	0 44	0 45
0 55	0 43	0 44	0 45	0 47	0 48	0 49
0 60	0 46	0 48	0 49	0 51	0 52	0 54
0 65	0 50	0 52	0 54	0 55	0 57	0 58
0 70	0 54	0 56	0 58	0 59	0 61	0 63
0 75	0 58	0 60	0 62	0 64	0 66	0 67
0 80	0 62	0 64	0 66	0 68	0 70	0 72
0 85	0 66	0 68	0 70	0 72	0 74	0 76
0 90	0 70	0 72	0 74	0 76	0 79	0 81
0 95	0 74	0 76	0 78	0 81	0 83	0 85
1 »	0 77	0 80	0 82	0 85	0 87	0 90
2 »	1 55	1 60	1 65	1 70	1 75	1 80
3 »	2 32	2 40	2 47	2 55	2 62	2 70
4 »	3 10	3 20	3 30	3 40	3 50	3 60
5 »	3 87	4 »	4 12	4 25	4 37	4 50
6 »	4 65	4 80	4 95	5 10	5 25	5 40
7 »	5 42	5 60	5 77	5 95	6 12	6 30
8 »	6 20	6 40	6 60	6 80	7 »	7 20
9 »	6 97	7 20	7 42	7 65	7 87	8 10
10 »	7 75	8 »	8 25	8 50	8 75	9 »
11 »	8 52	8 80	9 07	9 35	9 62	9 90
12 »	9 30	9 60	9 90	10 20	10 50	10 80

LONGUEURS.	26	27	28	29	30	31
0 05	0 03	0 03	0 04	0 04	0 04	0 04
0 10	0 07	0 07	0 07	0 08	0 08	0 08
0 15	0 10	0 11	0 11	0 11	0 12	0 12
0 20	0 13	0 14	0 15	0 15	0 16	0 16
0 25	0 17	0 18	0 18	0 19	0 19	0 20
0 30	0 20	0 21	0 22	0 23	0 23	0 24
0 35	0 24	0 25	0 25	0 26	0 27	0 28
0 40	0 27	0 28	0 29	0 30	0 31	0 32
0 45	0 30	0 31	0 33	0 34	0 35	0 36
0 50	0 34	0 35	0 36	0 38	0 39	0 40
0 55	0 37	0 39	0 40	0 41	0 43	0 44
0 60	0 41	0 42	0 44	0 45	0 47	0 48
0 65	0 44	0 46	0 47	0 49	0 51	0 52
0 70	0 47	0 49	0 51	0 53	0 55	0 56
0 75	0 51	0 53	0 55	0 57	0 58	0 60
0 80	0 54	0 56	0 58	0 60	0 62	0 64
0 85	0 57	0 60	0 62	0 64	0 66	0 69
0 90	0 61	0 63	0 66	0 68	0 70	0 73
0 95	0 64	0 67	0 69	0 72	0 74	0 77
1 »	0 68	0 70	0 73	0 75	0 78	0 81
2 »	1 35	1 40	1 46	1 51	1 56	1 61
3 »	2 03	2 11	2 18	2 26	2 34	2 42
4 »	2 70	2 81	2 91	3 02	3 12	3 22
5 »	3 38	3 51	3 64	3 77	3 90	4 03
6 »	4 06	4 21	4 37	4 52	4 68	4 84
7 »	4 73	4 91	5 10	5 28	5 46	5 64
8 »	5 41	5 62	5 82	6 03	6 24	6 45
9 »	6 08	6 32	6 55	6 79	7 02	7 25
10 »	6 76	7 02	7 28	7 54	7 80	8 06
11 »	7 44	7 72	8 01	8 29	8 58	8 87
12 »	8 11	8 42	8 74	9 05	9 36	9 67

LONGUEURS.	32	33	34	35	36	37
0 05	0 04	0 04	0 04	0 05	0 05	0 05
0 10	0 08	0 09	0 09	0 09	0 09	0 10
0 15	0 12	0 13	0 13	0 14	0 14	0 14
0 20	0 17	0 17	0 18	0 18	0 19	0 19
0 25	0 21	0 21	0 22	0 23	0 23	0 24
0 30	0 25	0 26	0 27	0 27	0 28	0 29
0 35	0 29	0 30	0 31	0 32	0 33	0 34
0 40	0 33	0 34	0 35	0 36	0 37	0 38
0 45	0 37	0 39	0 40	0 41	0 42	0 43
0 50	0 42	0 43	0 44	0 45	0 47	0 48
0 55	0 46	0 47	0 49	0 50	0 51	0 53
0 60	0 50	0 51	0 53	0 55	0 56	0 58
0 65	0 54	0 56	0 57	0 59	0 61	0 63
0 70	0 58	0 60	0 62	0 64	0 66	0 67
0 75	0 62	0 64	0 66	0 68	0 70	0 72
0 80	0 67	0 69	0 71	0 73	0 75	0 77
0 85	0 71	0 73	0 75	0 77	0 80	0 82
0 90	0 75	0 77	0 80	0 82	0 84	0 87
0 95	0 79	0 81	0 84	0 86	0 89	0 91
1 »	0 83	0 86	0 88	0 91	0 94	0 96
2 »	1 66	1 72	1 77	1 82	1 87	1 92
3 »	2 50	2 57	2 65	2 73	2 81	2 89
4 »	3 33	3 43	3 54	3 64	3 74	3 85
5 »	4 16	4 29	4 42	4 55	4 68	4 81
6 »	4 99	5 15	5 30	5 46	5 62	5 77
7 »	5 82	6 01	6 19	6 37	6 55	6 73
8 »	6 66	6 86	7 07	7 28	7 49	7 70
9 »	7 49	7 72	7 96	8 19	8 42	8 66
10 »	8 32	8 58	8 84	9 10	9 36	9 62
11 »	9 15	9 44	9 72	10 01	10 30	10 58
12 »	9 98	10 30	10 61	10 92	11 23	11 54

LONGUEURS.	27	28	29	30	31	32
0 05	0 04	0 04	0 04	0 04	0 04	0 04
0 10	0 07	0 08	0 08	0 08	0 08	0 09
0 15	0 11	0 11	0 11	0 12	0 13	0 13
0 20	0 15	0 15	0 16	0 16	0 17	0 17
0 25	0 18	0 19	0 20	0 20	0 21	0 22
0 30	0 22	0 23	0 23	0 24	0 25	0 26
0 35	0 26	0 26	0 27	0 28	0 29	0 30
0 40	0 29	0 30	0 31	0 32	0 33	0 35
0 45	0 33	0 34	0 35	0 36	0 38	0 39
0 50	0 36	0 38	0 39	0 40	0 42	0 43
0 55	0 40	0 42	0 43	0 45	0 46	0 48
0 60	0 44	0 45	0 47	0 49	0 50	0 52
0 65	0 47	0 49	0 51	0 53	0 54	0 56
0 70	0 51	0 53	0 55	0 57	0 59	0 60
0 75	0 55	0 57	0 59	0 61	0 63	0 65
0 80	0 58	0 60	0 63	0 65	0 67	0 69
0 85	0 62	0 64	0 67	0 69	0 71	0 74
0 90	0 66	0 68	0 70	0 73	0 75	0 78
0 95	0 69	0 72	0 74	0 77	0 79	0 82
1 »	0 73	0 76	0 78	0 81	0 84	0 86
2 »	1 46	1 51	1 57	1 62	1 67	1 73
3 »	2 19	2 27	2 35	2 43	2 51	2 59
4 »	2 92	3 02	3 13	3 24	3 35	3 46
5 »	3 64	3 78	3 91	4 05	4 18	4 32
6 »	4 37	4 54	4 70	4 86	5 02	5 18
7 »	5 10	5 29	5 48	5 67	5 86	6 05
8 »	5 83	6 05	6 26	6 48	6 70	6 91
9 »	6 56	6 80	7 05	7 29	7 53	7 78
10 »	7 29	7 56	7 83	8 10	8 37	8 64
11 »	8 02	8 32	8 61	8 91	9 21	9 50
12 »	8 75	9 07	9 40	9 72	10 04	10 37

LONGUEURS.	33	34	35	36	37	38
0 05	0 04	0 05	0 05	0 05	0 05	0 05
0 10	0 09	0 09	0 09	0 10	0 10	0 10
0 15	0 13	0 14	0 14	0 15	0 15	0 15
0 20	0 18	0 18	0 19	0 19	0 20	0 21
0 25	0 22	0 23	0 24	0 24	0 25	0 26
0 30	0 27	0 28	0 28	0 29	0 30	0 31
0 35	0 31	0 32	0 33	0 34	0 35	0 36
0 40	0 36	0 37	0 38	0 39	0 40	0 41
0 45	0 40	0 41	0 43	0 44	0 45	0 46
0 50	0 45	0 46	0 47	0 49	0 50	0 51
0 55	0 49	0 50	0 52	0 53	0 55	0 56
0 60	0 53	0 55	0 57	0 58	0 60	0 62
0 65	0 58	0 60	0 61	0 63	0 65	0 67
0 70	0 62	0 64	0 66	0 68	0 70	0 72
0 75	0 67	0 69	0 71	0 73	0 75	0 77
0 80	0 71	0 73	0 76	0 78	0 80	0 82
0 85	0 76	0 78	0 80	0 83	0 85	0 87
0 90	0 80	0 83	0 85	0 87	0 90	0 92
0 95	0 85	0 87	0 90	0 92	0 95	0 97
1 »	0 89	0 92	0 94	0 97	1 »	1 03
2 »	1 78	1 84	1 89	1 94	2 »	2 05
3 »	2 67	2 75	2 83	2 92	3 »	3 08
4 »	3 56	3 67	3 78	3 89	4 »	4 10
5 »	4 45	4 59	4 72	4 86	4 99	5 13
6 »	5 35	5 51	5 67	5 83	5 99	6 16
7 »	6 24	6 43	6 61	6 80	6 99	7 18
8 »	7 13	7 34	7 56	7 78	7 99	8 21
9 »	8 02	8 26	8 51	8 75	8 99	9 23
10 »	8 91	9 18	9 45	9 72	9 99	10 26
11 »	9 80	10 10	10 39	10 69	10 99	11 29
12 »	10 69	11 02	11 34	11 66	11 99	12 31

LONGUEURS.	28	29	30	31	32	33
0 05	0 04	0 04	0 04	0 04	0 04	0 05
0 10	0 08	0 08	0 08	0 09	0 09	0 09
0 15	0 11	0 11	0 13	0 13	0 13	0 14
0 20	0 16	0 16	0 17	0 17	0 18	0 18
0 25	0 20	0 20	0 21	0 22	0 22	0 22
0 30	0 24	0 24	0 25	0 26	0 27	0 28
0 35	0 27	0 28	0 29	0 30	0 31	0 32
0 40	0 31	0 32	0 34	0 35	0 36	0 37
0 45	0 35	0 37	0 38	0 39	0 40	0 42
0 50	0 39	0 41	0 42	0 43	0 45	0 46
0 55	0 43	0 45	0 46	0 48	0 49	0 51
0 60	0 47	0 49	0 50	0 52	0 54	0 55
0 65	0 51	0 53	0 55	0 56	0 58	0 60
0 70	0 55	0 57	0 59	0 61	0 63	0 65
0 75	0 59	0 61	0 63	0 65	0 67	0 69
0 80	0 63	0 65	0 67	0 69	0 72	0 74
0 85	0 67	0 69	0 71	0 74	0 76	0 79
0 90	0 71	0 73	0 76	0 78	0 81	0 83
0 95	0 75	0 77	0 80	0 82	0 85	0 88
1 »	0 78	0 81	0 84	0 87	0 90	0 92
2 »	1 57	1 62	1 68	1 74	1 79	1 85
3 »	2 35	2 44	2 52	2 60	2 69	2 77
4 »	3 14	3 25	3 36	3 47	3 58	3 70
5 »	3 92	4 06	4 20	4 34	4 48	4 62
6 »	4 70	4 87	5 04	5 21	5 38	5 54
7 »	5 49	5 68	5 88	6 08	6 27	6 47
8 »	6 27	6 50	6 72	6 94	7 17	7 39
9 »	7 06	7 31	7 56	7 81	8 06	8 32
10 »	7 84	8 12	8 40	8 68	8 96	9 24
11 »	8 62	8 93	9 24	9 55	9 86	10 16
12 »	9 41	9 74	10 08	10 42	10 75	11 09

LONGUEURS	34	35	36	37	38	39
0 05	0 05	0 05	0 05	0 05	0 05	0 05
0 10	0 10	0 10	0 10	0 10	0 11	0 11
0 15	0 14	0 15	0 15	0 16	0 16	0 16
0 20	0 19	0 20	0 20	0 21	0 21	0 22
0 25	0 24	0 24	0 25	0 26	0 27	0 27
0 30	0 29	0 29	0 30	0 31	0 32	0 33
0 35	0 33	0 34	0 35	0 36	0 37	0 38
0 40	0 38	0 39	0 40	0 41	0 43	0 44
0 45	0 43	0 44	0 45	0 47	0 48	0 49
0 50	0 48	0 49	0 50	0 52	0 53	0 55
0 55	0 52	0 54	0 55	0 57	0 59	0 60
0 60	0 57	0 59	0 60	0 62	0 64	0 66
0 65	0 62	0 64	0 66	0 67	0 69	0 71
0 70	0 67	0 69	0 71	0 73	0 74	0 76
0 75	0 71	0 73	0 76	0 78	0 80	0 82
0 80	0 76	0 78	0 81	0 83	0 85	0 87
0 85	0 81	0 83	0 86	0 88	0 90	0 93
0 90	0 86	0 88	0 91	0 93	0 96	0 98
0 95	0 90	0 93	0 96	0 98	1 01	1 04
1 »	0 95	0 98	1 01	1 04	1 06	1 09
2 »	1 90	1 96	2 02	2 07	2 13	2 18
3 »	2 86	2 94	3 02	3 11	3 19	3 28
4 »	3 81	3 92	4 03	4 14	4 26	4 37
5 »	4 76	4 90	5 04	5 18	5 32	5 46
6 »	5 71	5 88	6 05	6 22	6 38	6 55
7 »	6 66	6 86	7 06	7 25	7 45	7 64
8 »	7 62	7 84	8 06	8 29	8 51	8 74
9 »	8 57	8 82	9 07	9 32	9 58	9 83
10 »	9 52	9 80	10 08	10 36	10 64	10 92
11 »	10 47	10 78	11 09	11 40	11 70	12 01
12 »	11 42	11 76	12 10	12 43	12 77	1310

LONGUEURS.	29	30	31	32	33	34
0 05	0 04	0 04	0 04	0 05	0 05	0 05
0 10	0 08	0 09	0 09	0 09	0 09	0 10
0 15	0 13	0 13	0 13	0 14	0 14	0 15
0 20	0 17	0 17	0 18	0 19	0 19	0 20
0 25	0 21	0 22	0 22	0 23	0 24	0 25
0 30	0 25	0 26	0 27	0 28	0 29	0 30
0 35	0 29	0 30	0 31	0 32	0 33	0 35
0 40	0 34	0 35	0 36	0 37	0 38	0 39
0 45	0 38	0 39	0 40	0 42	0 43	0 44
0 50	0 42	0 43	0 45	0 46	0 48	0 49
0 55	0 46	0 48	0 49	0 51	0 53	0 54
0 60	0 50	0 52	0 54	0 56	0 57	0 59
0 65	0 55	0 57	0 58	0 60	0 62	0 64
0 70	0 59	0 61	0 63	0 65	0 67	0 69
0 75	0 63	0 65	0 67	0 70	0 72	0 74
0 80	0 67	0 70	0 72	0 74	0 77	0 79
0 85	0 72	0 74	0 76	0 79	0 81	0 84
0 90	0 76	0 78	0 81	0 84	0 86	0 89
0 95	0 80	0 83	0 85	0 88	0 91	0 94
1 »	0 84	0 87	0 90	0 93	0 96	0 99
2 »	1 68	1 74	1 80	1 86	1 91	1 97
3 »	2 52	2 61	2 70	2 78	2 87	2 96
4 »	3 36	3 48	3 60	3 71	3 83	3 94
5 »	4 20	4 35	4 49	4 64	4 78	4 93
6 »	5 05	5 22	5 39	5 57	5 74	5 92
7 »	5 89	6 09	6 29	6 50	6 70	6 90
8 »	6 73	6 96	7 19	7 42	7 66	7 89
9 »	7 57	7 83	8 09	8 35	8 61	8 87
10 »	8 41	8 70	8 99	9 28	9 57	9 86
11 »	9 25	9 57	9 89	10 21	10 53	10 85
12 »	10 09	10 44	10 79	11 14	11 48	11 83

LONGUEURS.	35	36	37	38	39	40
0 05	0 05	0 05	0 05	0 05	0 06	0 06
0 10	0 10	0 10	0 11	0 11	0 11	0 12
0 15	0 15	0 16	0 16	0 17	0 17	0 17
0 20	0 20	0 21	0 21	0 22	0 23	0 23
0 25	0 25	0 26	0 27	0 27	0 28	0 29
0 30	0 30	0 31	0 32	0 33	0 34	0 35
0 35	0 36	0 37	0 38	0 39	0 40	0 41
0 40	0 41	0 42	0 43	0 44	0 45	0 46
0 45	0 46	0 47	0 48	0 50	0 51	0 52
0 50	0 51	0 52	0 54	0 55	0 57	0 58
0 55	0 56	0 57	0 59	0 61	0 62	0 64
0 60	0 61	0 63	0 64	0 66	0 68	0 70
0 65	0 66	0 68	0 70	0 72	0 74	0 75
0 70	0 71	0 73	0 75	0 77	0 79	0 81
0 75	0 76	0 78	0 80	0 83	0 85	0 87
0 80	0 81	0 83	0 86	0 88	0 90	0 93
0 85	0 86	0 88	0 91	0 94	0 96	0 99
0 90	0 91	0 94	0 97	0 99	1 02	1 04
0 95	0 96	0 99	1 02	1 05	1 07	1 10
1 »	1 01	1 04	1 07	1 10	1 13	1 16
2 »	2 03	2 09	2 15	2 20	2 26	2 32
3 »	3 04	3 13	3 22	3 31	3 39	3 48
4 »	4 06	4 18	4 29	4 41	4 52	4 64
5 »	5 07	5 22	5 36	5 51	5 65	5 80
6 »	6 09	6 26	6 44	6 61	6 79	6 96
7 »	7 10	7 31	7 51	7 71	7 92	8 12
8 »	8 12	8 35	8 58	8 82	9 05	9 28
9 »	9 13	9 40	9 66	9 92	10 18	10 44
10 »	10 15	10 44	10 73	11 02	11 31	11 60
11 »	11 16	11 48	11 80	12 12	12 43	12 76
12 »	12 18	12 53	12 88	13 22	13 57	13 92

LONGUEURS.	30	31	32	33	34	35
0 05	0 04	0 05	0 05	0 05	0 05	0 05
0 10	0 09	0 09	0 10	0 10	0 10	0 10
0 15	0 13	0 14	0 14	0 15	0 15	0 16
0 20	0 18	0 19	0 19	0 20	0 20	0 21
0 25	0 22	0 23	0 24	0 25	0 25	0 26
0 30	0 27	0 28	0 29	0 30	0 31	0 31
0 35	0 31	0 33	0 34	0 35	0 36	0 37
0 40	0 36	0 37	0 38	0 40	0 41	0 42
0 45	0 40	0 42	0 43	0 45	0 46	0 47
0 50	0 45	0 46	0 48	0 49	0 51	0 52
0 55	0 49	0 51	0 53	0 54	0 56	0 58
0 60	0 54	0 56	0 58	0 59	0 61	0 63
0 65	0 58	0 60	0 62	0 64	0 66	0 68
0 70	0 63	0 65	0 67	0 69	0 71	0 73
0 75	0 67	0 70	0 72	0 74	0 76	0 79
0 80	0 72	0 74	0 77	0 79	0 82	0 84
0 85	0 76	0 79	0 82	0 84	0 87	0 89
0 90	0 81	0 84	0 86	0 89	0 92	0 94
0 95	0 85	0 88	0 91	0 94	0 97	1 »
1 »	0 90	0 93	0 96	0 99	1 02	1 05
2 »	1 80	1 86	1 92	1 98	2 04	2 10
3 »	2 70	2 79	2 88	2 97	3 06	3 15
4 »	3 60	3 72	3 84	3 96	4 08	4 20
5 »	4 50	4 65	4 80	4 95	5 10	5 25
6 »	5 40	5 58	5 76	5 94	6 12	6 30
7 »	6 30	6 85	6 72	6 93	7 14	7 35
8 »	7 20	7 44	7 68	7 92	8 16	8 40
9 »	8 10	8 37	8 64	8 91	9 18	9 45
10 »	9 »	9 30	9 60	9 90	10 20	10 50
11 »	9 90	10 23	10 56	10 89	11 22	11 55
12 »	10 80	11 16	11 52	11 88	12 24	12 60

LONGUEURS.	36	37	38	39	40	41
0 05	0 05	0 06	0 06	0 06	0 06	0 06
0 10	0 11	0 11	0 11	0 12	0 12	0 12
0 15	0 16	0 17	0 17	0 18	0 18	0 18
0 20	0 22	0 22	0 23	0 23	0 24	0 25
0 25	0 27	0 28	0 28	0 29	0 30	0 31
0 30	0 32	0 33	0 34	0 35	0 36	0 37
0 35	0 38	0 39	0 40	0 41	0 42	0 43
0 40	0 43	0 44	0 46	0 47	0 48	0 49
0 45	0 49	0 50	0 51	0 53	0 54	0 55
0 50	0 54	0 55	0 57	0 58	0 60	0 61
0 55	0 59	0 61	0 63	0 64	0 66	0 68
0 60	0 65	0 67	0 68	0 70	0 72	0 74
0 65	0 70	0 72	0 74	0 76	0 78	0 80
0 70	0 76	0 78	0 80	0 82	0 84	0 86
0 75	0 81	0 83	0 85	0 88	0 90	0 92
0 80	0 86	0 89	0 91	0 94	0 96	0 98
0 85	0 92	0 94	0 97	0 99	1 02	1 05
0 90	0 97	1 »	1 03	1 05	1 08	1 11
0 95	1 03	1 05	1 08	1 11	1 14	1 17
1 »	1 08	1 11	1 14	1 17	1 20	1 23
2 »	2 16	2 22	2 28	2 34	2 40	2 46
3 »	3 24	3 33	3 42	3 51	3 60	3 69
4 »	4 32	4 44	4 56	4 68	4 80	4 92
5 »	5 40	5 55	5 70	5 85	6 »	6 15
6 »	6 48	6 66	6 84	7 02	7 20	7 38
7 »	7 56	7 77	7 98	8 19	8 40	8 61
8 »	8 64	8 88	9 12	9 36	9 60	9 84
9 »	9 72	9 99	10 26	10 53	10 80	11 07
10 »	10 80	11 10	11 40	11 70	12 »	12 30
11 »	11 88	12 21	12 54	12 87	13 20	13 53
12 »	12 96	13 32	13 68	14 04	14 40	14 76

LONGUEURS.	31	32	33	34	35	36
0 05	0 05	0 05	0 05	0 05	0 05	0 06
0 10	0 10	0 10	0 10	0 10	0 11	0 11
0 15	0 14	0 15	0 15	0 16	0 16	0 17
0 20	0 19	0 20	0 20	0 21	0 22	0 22
0 25	0 24	0 25	0 26	0 26	0 27	0 28
0 30	0 29	0 30	0 31	0 32	0 32	0 33
0 35	0 34	0 35	0 36	0 37	0 38	0 39
0 40	0 38	0 40	0 41	0 42	0 43	0 45
0 45	0 43	0 45	0 46	0 47	0 49	0 50
0 50	0 48	0 50	0 51	0 53	0 54	0 56
0 55	0 53	0 55	0 56	0 58	0 60	0 61
0 60	0 58	0 60	0 61	0 63	0 65	0 67
0 65	0 62	0 64	0 66	0 68	0 71	0 73
0 70	0 67	0 69	0 72	0 74	0 76	0 78
0 75	0 72	0 74	0 77	0 79	0 81	0 84
0 80	0 77	0 79	0 82	0 84	0 87	0 89
0 85	0 82	0 84	0 87	0 90	0 92	0 95
0 90	0 86	0 89	0 92	0 95	0 98	1 01
0 95	0 91	0 94	0 97	1 »	1 03	1 06
1 »	0 96	0 99	1 02	1 05	1 08	1 12
2 »	1 92	1 98	2 05	2 11	2 17	2 23
3 »	2 88	2 98	3 07	3 16	3 25	3 35
4 »	3 84	3 97	4 09	4 22	4 34	4 46
5 »	4 80	4 96	5 11	5 27	5 42	5 58
6 »	5 77	5 95	6 14	6 32	6 51	6 70
7 »	6 73	6 94	7 16	7 38	7 59	7 81
8 »	7 69	7 94	8 18	8 43	8 68	8 93
9 »	8 65	8 93	9 21	9 49	9 76	10 04
10 »	9 61	9 92	10 23	10 54	10 85	11 16
11 »	10 57	10 91	11 25	11 59	11 93	12 28
12 »	11 53	11 90	12 28	12 65	13 02	13 39

LONGUEURS.	37	38	39	40	41	42
0 05	0 06	0 06	0 06	0 06	0 06	0 07
0 10	0 11	0 12	0 12	0 12	0 13	0 13
0 15	0 17	0 18	0 18	0 19	0 19	0 19
0 20	0 23	0 24	0 24	0 25	0 25	0 26
0 25	0 28	0 29	0 30	0 31	0 32	0 33
0 30	0 34	0 35	0 36	0 37	0 38	0 39
0 35	0 40	0 41	0 42	0 43	0 44	0 46
0 40	0 46	0 47	0 48	0 50	0 51	0 52
0 45	0 52	0 53	0 54	0 56	0 57	0 59
0 50	0 57	0 59	0 60	0 62	0 64	0 65
0 55	0 63	0 65	0 66	0 68	0 70	0 72
0 60	0 69	0 71	0 73	0 74	0 76	0 78
0 65	0 75	0 77	0 79	0 81	0 83	0 85
0 70	0 80	0 82	0 85	0 87	0 89	0 91
0 75	0 86	0 88	0 91	0 93	0 95	0 98
0 80	0 92	0 94	0 97	0 99	1 02	1 04
0 85	0 97	1 »	1 03	1 05	1 08	1 11
0 90	1 03	1 06	1 09	1 12	1 14	1 17
0 95	1 09	1 12	1 15	1 18	1 21	1 24
1 »	1 15	1 18	1 21	1 24	1 27	1 30
2 »	2 29	2 36	2 42	2 48	2 54	2 60
3 »	3 44	3 53	3 63	3 72	3 81	3 91
4 »	4 59	4 71	4 84	4 96	5 08	5 21
5 »	5 73	5 89	6 04	6 20	6 35	6 51
6 »	6 88	7 07	7 25	7 44	7 63	7 81
7 »	8 03	8 25	8 46	8 68	8 90	9 11
8 »	9 18	9 42	9 67	9 92	10 17	10 42
9 »	10 32	10 60	10 88	11 16	11 44	11 72
10 »	11 47	11 78	12 09	12 40	12 71	13 02
11 »	12 62	12 96	13 30	13 64	13 98	14 32
12 »	13 76	14 14	14 51	14 88	15 25	15 62

LONGUEURS.	32	33	34	35	36	37
0 05	0 05	0 05	0 05	0 06	0 06	0 06
0 10	0 10	0 11	0 11	0 11	0 12	0 12
0 15	0 15	0 16	0 16	0 17	0 17	0 18
0 20	0 20	0 21	0 22	0 22	0 23	0 24
0 25	0 26	0 26	0 27	0 28	0 29	0 30
0 30	0 31	0 32	0 33	0 34	0 35	0 36
0 35	0 36	0 37	0 38	0 39	0 40	0 41
0 40	0 41	0 32	0 44	0 45	0 46	0 47
0 45	0 46	0 48	0 49	0 50	0 52	0 53
0 50	0 51	0 53	0 54	0 56	0 58	0 59
0 55	0 56	0 58	0 60	0 62	0 63	0 65
0 60	0 61	0 63	0 65	0 67	0 69	0 71
0 65	0 66	0 69	0 71	0 73	0 75	0 77
0 70	0 72	0 74	0 76	0 78	0 81	0 83
0 75	0 77	0 79	0 82	0 84	0 86	0 89
0 80	0 82	0 84	0 87	0 90	0 92	0 95
0 85	0 87	0 90	0 92	0 95	0 98	1 01
0 90	0 92	0 95	0 98	1 01	1 04	1 07
0 95	0 97	1 »	1 03	1 06	1 09	1 13
1 »	1 02	1 06	1 09	1 12	1 15	1 18
2 »	2 05	2 11	2 18	2 24	2 30	2 37
3 »	3 07	3 17	3 26	3 36	3 46	3 55
4 »	4 09	4 22	4 35	4 48	4 61	4 74
5 »	5 12	5 28	5 44	5 60	5 76	5 92
6 »	6 14	6 34	6 53	6 72	6 91	7 10
7 »	7 16	7 39	7 62	7 84	8 06	8 29
8 »	8 19	8 45	8 70	8 96	9 22	9 47
9 »	9 22	9 50	9 79	10 08	10 37	10 66
10 »	10 24	10 56	10 88	11 20	11 52	11 84
11 »	11 26	11 62	11 97	12 32	12 67	13 02
12 »	12 29	12 67	13 06	13 44	13 82	14 21

LONGUEURS.	38	39	40	41	42	43
0 05	0 06	0 06	0 06	0 07	0 07	0 07
0 10	0 12	0 12	0 13	0 13	0 13	0 14
0 15	0 18	0 19	0 19	0 20	0 20	0 21
0 20	0 24	0 25	0 26	0 26	0 27	0 27
0 25	0 30	0 31	0 32	0 33	0 34	0 34
0 30	0 36	0 37	0 38	0 39	0 40	0 41
0 35	0 43	0 44	0 45	0 46	0 47	0 48
0 40	0 49	0 50	0 51	0 52	0 54	0 55
0 45	0 55	0 56	0 57	0 58	0 60	0 62
0 50	0 61	0 62	0 64	0 66	0 67	0 69
0 55	0 67	0 69	0 70	0 72	0 74	0 76
0 60	0 73	0 75	0 77	0 79	0 81	0 83
0 65	0 79	0 81	0 83	0 85	0 87	0 89
0 70	0 85	0 87	0 90	0 92	0 94	0 96
0 75	0 91	0 94	0 96	0 98	1 01	1 03
0 80	0 97	1 »	1 02	1 05	1 07	1 10
0 85	1 03	1 06	1 09	1 12	1 14	1 17
0 90	1 09	1 12	1 15	1 18	1 21	1 24
0 95	1 15	1 19	1 22	1 25	1 28	1 31
1 »	1 22	1 25	1 28	1 31	1 34	1 38
2 »	2 43	2 50	2 56	2 62	2 69	2 75
3 »	3 65	3 74	3 84	3 94	4 03	4 13
4 »	4 86	4 99	5 12	5 25	5 38	5 50
5 »	6 08	6 24	6 40	6 56	6 72	6 88
6 »	7 30	7 49	7 68	7 87	8 06	8 26
7 »	8 51	8 74	8 96	9 18	9 41	9 63
8 »	9 73	9 98	10 24	10 50	10 75	11 01
9 »	10 94	11 23	11 52	11 81	12 10	12 38
10 »	12 16	12 48	12 80	13 12	13 44	13 76
11 »	13 38	13 73	14 08	14 43	14 78	15 14
12 »	14 59	14 98	15 36	15 74	16 13	16 51

LONGUEURS.	33	34	35	36	37	38
0 05	0 05	0 06	0 06	0 06	0 06	0 06
0 10	0 11	0 11	0 12	0 12	0 12	0 13
0 15	0 16	0 17	0 17	0 18	0 18	0 19
0 20	0 22	0 22	0 23	0 24	0 24	0 25
0 25	0 27	0 28	0 29	0 30	0 31	0 31
0 30	0 33	0 34	0 35	0 36	0 37	0 38
0 35	0 38	0 39	0 40	0 42	0 43	0 44
0 40	0 44	0 45	0 46	0 48	0 49	0 50
0 45	0 49	0 50	0 52	0 53	0 55	0 56
0 50	0 54	0 56	0 58	0 59	0 61	0 63
0 55	0 60	0 62	0 64	0 65	0 67	0 69
0 60	0 65	0 67	0 69	0 71	0 73	0 75
0 65	0 71	0 73	0 75	0 77	0 79	0 81
0 70	0 76	0 79	0 81	0 83	0 85	0 88
0 75	0 82	0 84	0 87	0 89	0 92	0 94
0 80	0 87	0 90	0 92	0 95	0 98	1 »
0 85	0 93	0 95	0 98	1 01	1 04	1 07
0 90	0 98	1 01	1 04	1 07	1 10	1 13
0 95	1 03	1 07	1 10	1 13	1 16	1 19
1 »	1 09	1 12	1 15	1 19	1 22	1 25
2 »	2 18	2 24	2 31	2 38	2 44	2 51
3 »	3 27	3 37	3 46	3 56	3 66	3 76
4 »	4 36	4 49	4 62	4 75	4 88	5 02
5 »	5 44	5 61	5 77	5 94	6 10	6 27
6 »	6 53	6 73	6 93	7 13	7 33	7 52
7 »	7 62	7 85	8 08	8 32	8 55	8 78
8 »	8 71	8 98	9 24	9 50	9 77	10 03
9 »	9 80	10 10	10 39	10 59	10 99	11 29
10 »	10 89	11 22	11 55	11 88	12 21	12 54
11 »	11 98	12 34	12 70	13 07	13 43	13 79
12 »	13 07	13 46	13 86	14 26	14 65	15 05

LONGUEURS.	39	40	41	42	43	44
0 05	0 06	0 07	0 07	0 07	0 07	0 07
0 10	0 13	0 13	0 14	0 14	0 14	0 15
0 15	0 19	0 20	0 20	0 21	0 21	0 22
0 20	0 26	0 26	0 27	0 28	0 28	0 29
0 25	0 32	0 33	0 34	0 35	0 35	0 36
0 30	0 39	0 40	0 41	0 42	0 43	0 44
0 35	0 45	0 46	0 47	0 49	0 50	0 51
0 40	0 51	0 53	0 54	0 55	0 57	0 58
0 45	0 58	0 59	0 61	0 62	0 64	0 65
0 50	0 64	0 66	0 68	0 69	0 71	0 73
0 55	0 71	0 73	0 74	0 76	0 78	0 80
0 60	0 77	0 79	0 81	0 83	0 85	0 87
0 65	0 84	0 86	0 88	0 90	0 92	0 94
0 70	0 90	0 92	0 95	0 97	0 99	1 02
0 75	0 97	0 99	1 01	1 04	1 06	1 09
0 80	1 03	1 06	1 08	1 11	1 14	1 16
0 85	1 09	1 12	1 15	1 18	1 21	1 23
0 90	1 16	1 19	1 22	1 25	1 28	1 31
0 95	1 22	1 25	1 29	1 32	1 35	1 38
1 »	1 29	1 32	1 35	1 39	1 42	1 45
2 »	2 57	2 64	2 71	2 77	2 84	2 90
3 »	3 86	3 96	4 06	4 16	4 26	4 36
4 »	5 15	5 28	5 41	5 54	5 68	5 81
5 »	6 43	6 60	6 76	6 93	7 09	7 26
6 »	7 72	7 92	8 12	8 32	8 51	8 71
7 »	9 01	9 24	9 47	9 70	9 93	10 16
8 »	10 30	10 56	10 82	11 09	11 35	11 62
9 »	11 58	11 88	12 18	12 47	12 77	13 07
10 »	12 87	13 20	13 53	13 86	14 19	14 52
11 »	14 16	14 52	14 88	15 25	15 61	15 97
12 »	15 44	15 84	16 24	16 63	17 03	17 42

LONGUEURS.	34	35	36	37	38	39
0 05	0 06	0 06	0 06	0 06	0 06	0 07
0 10	0 12	0 12	0 12	0 13	0 13	0 13
0 15	0 17	0 18	0 18	0 19	0 19	0 20
0 20	0 23	0 24	0 24	0 25	0 26	0 27
0 25	0 29	0 30	0 31	0 31	0 32	0 33
0 30	0 35	0 36	0 37	0 38	0 39	0 40
0 35	0 40	0 42	0 43	0 44	0 45	0 46
0 40	0 46	0 48	0 49	0 50	0 52	0 53
0 45	0 52	0 54	0 55	0 57	0 58	0 60
0 50	0 58	0 59	0 61	0 63	0 65	0 66
0 55	0 64	0 65	0 67	0 69	0 71	0 73
0 60	0 70	0 71	0 73	0 75	0 78	0 80
0 65	0 75	0 77	0 80	0 82	0 84	0 86
0 70	0 81	0 83	0 86	0 88	0 90	0 93
0 75	0 87	0 89	0 92	0 94	0 97	0 99
0 80	0 92	0 95	0 98	1 01	1 03	1 06
0 85	0 98	1 01	1 04	1 07	1 10	1 13
0 90	1 04	1 07	1 10	1 13	1 46	1 19
0 95	1 10	1 13	1 16	1 20	1 23	1 26
1 »	1 16	1 19	1 22	1 26	1 29	1 33
2 »	2 31	2 38	2 45	2 52	2 58	2 65
3 »	3 47	3 57	3 67	3 77	3 88	3 98
4 »	4 62	4 76	4 90	5 03	5 17	5 30
5 »	5 78	5 95	6 12	6 29	6 46	6 63
6 »	6 94	7 14	7 34	7 55	7 75	7 96
7 »	8 09	8 33	8 57	8 81	9 04	9 28
8 »	9 25	9 52	9 79	10 06	10 34	10 61
9 »	10 40	10 71	11 02	11 32	11 63	11 93
10 »	11 56	11 90	12 24	12 58	12 92	13 26
11 »	12 72	13 09	13 46	13 84	14 22	14 59
12 »	13 87	14 28	14 69	15 10	15 50	15 91

LONGUEURS.	40	41	42	43	44	45
0 05	0 07	0 07	0 07	0 07	0 07	0 08
0 10	0 14	0 14	0 14	0 15	0 15	0 15
0 15	0 20	0 21	0 21	0 22	0 22	0 23
0 20	0 27	0 28	0 29	0 29	0 30	0 31
0 25	0 34	0 35	0 36	0 37	0 37	0 38
0 30	0 41	0 42	0 43	0 44	0 45	0 46
0 35	0 48	0 49	0 50	0 51	0 52	0 54
0 40	0 54	0 56	0 57	0 58	0 60	0 61
0 45	0 61	0 63	0 64	0 66	0 67	0 69
0 50	0 68	0 70	0 71	0 73	0 75	0 76
0 55	0 75	0 77	0 79	0 80	0 82	0 84
0 60	0 82	0 84	0 86	0 88	0 90	0 92
0 65	0 88	0 91	0 93	0 95	0 97	0 99
0 70	0 95	0 98	1 »	1 02	1 05	1 07
0 75	1 02	1 05	1 07	1 10	1 12	1 15
0 80	1 09	1 12	1 14	1 17	1 20	1 22
0 85	1 16	1 18	1 21	1 24	1 27	1 30
0 90	1 22	1 25	1 29	1 32	1 35	1 38
0 95	1 29	1 32	1 36	1 39	1 42	1 45
1 »	1 36	1 39	1 43	1 46	1 50	1 53
2 »	2 72	2 79	2 86	2 92	2 99	3 06
3 »	4 08	4 18	4 28	4 39	4 49	4 59
4 »	5 44	5 58	5 71	5 85	5 98	6 12
5 »	6 80	6 97	7 14	7 31	7 48	7 65
6 »	8 16	8 36	8 57	8 77	8 98	9 18
7 »	9 52	9 76	10 »	10 23	10 47	10 71
8 »	10 88	11 15	11 42	11 70	11 97	12 24
9 »	12 24	12 55	12 85	13 16	13 46	13 77
10 »	13 60	13 94	14 28	14 62	14 96	15 30
11 »	14 96	15 33	15 71	16 08	16 46	16 83
12 »	16 32	16 73	17 14	17 54	17 95	18 36

LONGUEURS.	35	36	37	38	39	40
0 05	0 06	0 06	0 06	0 07	0 07	0 07
0 10	0 12	0 13	0 13	0 13	0 14	0 14
0 15	0 18	0 19	0 19	0 20	0 20	0 21
0 20	0 24	0 25	0 26	0 27	0 27	0 28
0 25	0 31	0 31	0 32	0 33	0 34	0 35
0 30	0 37	0 38	0 39	0 40	0 41	0 42
0 35	0 43	0 44	0 45	0 47	0 48	0 49
0 40	0 49	0 50	0 52	0 53	0 55	0 56
0 45	0 55	0 57	0 58	0 60	0 61	0 63
0 50	0 61	0 63	0 65	0 66	0 68	0 70
0 55	0 67	0 69	0 71	0 73	0 75	0 77
0 60	0 74	0 76	0 78	0 80	0 82	0 84
0 65	0 81	0 82	0 84	0 86	0 89	0 91
0 70	0 86	0 88	0 91	0 93	0 96	0 98
0 75	0 92	0 94	0 97	1 »	1 02	1 05
0 80	0 98	1 01	1 04	1 06	1 09	1 12
0 85	1 04	1 07	1 10	1 13	1 16	1 19
0 90	1 10	1 13	1 17	1 20	1 23	1 26
0 95	1 16	1 20	1 23	1 26	1 30	1 33
1 »	1 22	1 26	1 29	1 33	1 36	1 40
2 »	2 45	2 52	2 59	2 66	2 73	2 80
3 »	3 67	3 78	3 88	3 99	4 09	4 20
4 »	4 90	5 04	5 18	5 32	5 46	5 60
5 »	6 12	6 30	6 47	6 65	6 82	7 »
6 »	7 35	7 56	7 77	7 98	8 19	8 40
7 »	8 57	8 82	9 06	9 31	9 55	9 80
8 »	9 80	10 08	10 36	10 64	10 92	11 20
9 »	11 02	11 34	11 65	11 97	12 28	12 60
10 »	12 25	12 60	12 95	13 30	13 65	14 »
11 »	13 47	13 86	14 24	14 63	15 01	15 40
12 »	14 70	15 12	15 54	15 96	16 38	16 80

LONGUEURS.	41	42	43	44	45	46
0 05	0 07	0 07	0 08	0 08	0 08	0 08
0 10	0 14	0 15	0 15	0 15	0 16	0 16
0 15	0 22	0 22	0 23	0 23	0 24	0 24
0 20	0 29	0 29	0 30	0 31	0 31	0 32
0 25	0 36	0 37	0 38	0 38	0 39	0 40
0 30	0 43	0 44	0 45	0 46	0 47	0 48
0 35	0 50	0 51	0 53	0 54	0 55	0 56
0 40	0 57	0 59	0 60	0 62	0 63	0 64
0 45	0 65	0 66	0 68	0 69	0 71	0 72
0 50	0 72	0 73	0 75	0 77	0 79	0 80
0 55	0 79	0 81	0 83	0 85	0 87	0 89
0 60	0 86	0 88	0 90	0 92	0 94	0 97
0 65	0 93	0 96	0 98	1 »	1 02	1 05
0 70	1 »	1 03	1 05	1 08	1 10	1 13
0 75	1 08	1 10	1 13	1 15	1 18	1 21
0 80	1 15	1 18	1 20	1 23	1 26	1 29
0 85	1 22	1 25	1 28	1 31	1 34	1 37
0 90	1 29	1 32	1 35	1 39	1 42	1 45
0 95	1 36	1 40	1 43	1 46	1 50	1 53
1 »	1 45	1 47	1 50	1 54	1 57	1 61
2 »	2 87	2 94	3 01	3 08	3 15	3 22
3 »	4 30	4 41	4 51	4 62	4 72	4 83
4 »	5 74	5 88	6 02	6 16	6 30	6 44
5 »	7 17	7 35	7 52	7 70	7 87	8 05
6 »	8 61	8 82	9 03	9 24	9 45	9 66
7 »	10 04	10 29	10 53	10 78	11 02	11 27
8 »	11 48	11 76	12 04	12 32	12 60	12 88
9 »	12 91	13 23	13 54	13 86	14 17	14 49
10 »	14 35	14 70	15 05	15 40	15 75	16 10
11 »	15 78	16 17	16 55	16 94	17 32	17 71
12 »	17 22	17 64	18 06	18 48	18 90	19 32

LONGUEURS.	36	37	38	39	40	41
0 05	0 06	0 07	0 07	0 07	0 07	0 07
0 10	0 13	0 13	0 14	0 14	0 14	0 15
0 15	0 19	0 20	0 21	0 21	0 22	0 22
0 20	0 26	0 27	0 27	0 28	0 29	0 30
0 25	0 32	0 33	0 34	0 35	0 36	0 37
0 30	0 39	0 40	0 41	0 42	0 43	0 44
0 35	0 45	0 47	0 48	0 49	0 50	0 52
0 40	0 52	0 53	0 55	0 56	0 58	0 59
0 45	0 58	0 60	0 62	0 63	0 65	0 66
0 50	0 65	0 67	0 68	0 70	0 72	0 74
0 55	0 71	0 73	0 75	0 77	0 79	0 81
0 60	0 78	0 80	0 82	0 84	0 86	0 89
0 65	0 84	0 87	0 89	0 91	0 94	0 96
0 70	0 91	0 93	0 96	0 98	1 01	1 03
0 75	0 97	1 »	1 03	1 05	1 08	1 11
0 80	1 04	1 07	1 09	1 12	1 15	1 18
0 85	1 10	1 13	1 16	1 19	1 22	1 25
0 90	1 17	1 20	1 23	1 26	1 30	1 33
0 95	1 23	1 27	1 30	1 33	1 37	1 40
1 »	1 30	1 33	1 37	1 40	1 44	1 48
2 »	2 59	2 66	2 74	2 81	2 88	2 95
3 »	3 89	4 »	4 10	4 21	4 32	4 43
4 »	5 18	5 33	5 47	5 62	5 76	5 90
5 »	6 48	6 66	6 84	7 02	7 20	7 38
6 »	7 78	7 99	8 21	8 42	8 64	8 86
7 »	9 07	9 32	9 58	9 83	10 08	10 33
8 »	10 37	10 66	10 94	11 23	11 52	11 81
9 »	11 66	11 99	12 31	12 64	12 96	13 28
10 »	12 96	13 32	13 68	14 04	14 40	14 76
11 »	14 26	14 66	15 05	15 44	15 84	16 24
12 »	15 55	15 98	16 42	16 85	17 28	17 71

LONGUEURS.	42	43	44	45	46	47
0 05	0 08	0 08	0 08	0 08	0 08	0 08
0 10	0 15	0 15	0 16	0 16	0 17	0 17
0 15	0 23	0 23	0 24	0 24	0 25	0 25
0 20	0 30	0 31	0 32	0 32	0 33	0 34
0 25	0 38	0 39	0 40	0 40	0 41	0 42
0 30	0 45	0 46	0 47	0 49	0 50	0 51
0 35	0 53	0 54	0 55	0 57	0 58	0 59
0 40	0 60	0 62	0 63	0 65	0 66	0 68
0 45	0 68	0 70	0 71	0 73	0 75	0 76
0 50	0 76	0 77	0 79	0 81	0 83	0 85
0 55	0 83	0 85	0 87	0 89	0 91	0 93
0 60	0 91	0 93	0 95	0 97	0 99	1 02
0 65	0 98	1 01	1 03	1 05	1 08	1 10
0 70	1 06	1 08	1 11	1 13	1 16	1 18
0 75	1 13	1 16	1 19	1 21	1 24	1 27
0 80	1 21	1 24	1 27	1 30	1 32	1 35
0 85	1 29	1 32	1 35	1 38	1 41	1 44
0 90	1 36	1 39	1 43	1 46	1 49	1 52
0 95	1 44	1 47	1 51	1 54	1 57	1 61
1 »	1 51	1 55	1 58	1 62	1 66	1 69
2 »	3 02	3 10	3 17	3 24	3 31	3 38
3 »	4 54	4 64	4 75	4 86	4 97	5 08
4 »	6 05	6 19	6 34	6 48	6 62	6 77
5 »	7 56	7 74	7 92	8 10	8 28	8 46
6 »	9 07	9 29	9 50	9 72	9 94	10 15
7 »	10 58	10 84	11 09	11 34	11 59	11 84
8 »	12 10	12 38	12 67	12 96	13 25	13 54
9 »	13 61	13 93	14 26	14 58	14 90	15 23
10 »	15 12	15 48	15 84	16 20	16 56	16 92
11 »	16 63	17 03	17 42	17 82	18 22	18 61
12 »	18 14	18 58	19 01	19 44	19 87	20 30

LONGUEURS.	37	38	39	40	41	42
0 05	0 07	0 07	0 07	0 07	0 08	0 08
0 10	0 14	0 14	0 14	0 15	0 15	0 16
0 15	0 21	0 21	0 22	0 22	0 23	0 23
0 20	0 27	0 28	0 29	0 30	0 30	0 31
0 25	0 34	0 35	0 36	0 37	0 38	0 39
0 30	0 41	0 42	0 43	0 44	0 46	0 47
0 35	0 48	0 49	0 50	0 52	0 53	0 54
0 40	0 55	0 56	0 58	0 59	0 61	0 62
0 45	0 62	0 63	0 65	0 67	0 68	0 70
0 50	0 68	0 70	0 72	0 74	0 76	0 78
0 55	0 75	0 77	0 79	0 81	0 83	0 85
0 60	0 82	0 84	0 87	0 89	0 91	0 93
0 65	0 89	0 91	0 94	0 96	0 99	1 01
0 70	0 96	0 98	0 01	1 04	1 06	1 09
0 75	1 03	1 05	1 08	1 11	1 14	1 17
0 80	1 10	1 12	1 15	1 18	1 21	1 24
0 85	1 16	1 20	1 23	1 26	1 29	1 32
0 90	1 23	1 27	1 30	1 33	1 37	1 40
0 95	1 30	1 34	1 37	1 41	1 44	1 48
1 »	1 37	1 41	1 44	1 48	1 52	1 55
2 »	2 74	2 81	2 89	2 96	3 03	3 11
3 »	4 11	4 22	4 33	4 44	4 55	4 66
4 »	5 48	5 62	5 77	5 92	6 07	6 22
5 »	6 84	7 03	7 21	7 40	7 58	7 77
6 »	8 21	8 44	8 66	8 88	9 10	9 32
7 »	9 58	9 84	10 10	10 36	10 62	10 88
8 »	10 95	11 25	11 54	11 84	12 14	12 43
9 »	12 32	12 65	12 99	13 32	13 65	13 99
10 »	13 69	14 06	14 43	14 80	15 17	15 54
11 »	15 06	15 47	15 87	16 28	16 69	17 09
12 »	16 43	16 87	17 32	17 76	18 20	18 65

LONGUEURS.	43	44	45	46	47	48
0 05	0 08	0 08	0 08	0 08	0 09	0 09
0 10	0 16	0 16	0 17	0 17	0 17	0 18
0 15	0 24	0 24	0 25	0 26	0 26	0 27
0 20	0 32	0 32	0 33	0 34	0 35	0 36
0 25	0 40	0 41	0 42	0 43	0 43	0 44
0 30	0 48	0 49	0 50	0 51	0 52	0 53
0 35	0 56	0 57	0 58	0 60	0 61	0 62
0 40	0 64	0 65	0 67	0 68	0 70	0 71
0 45	0 72	0 73	0 75	0 77	0 78	0 80
0 50	0 80	0 81	0 83	0 85	0 87	0 89
0 55	0 87	0 88	0 92	0 94	0 96	0 98
0 60	0 95	0 98	1 »	1 02	1 04	1 07
0 65	1 03	1 06	1 08	1 11	1 13	1 15
0 70	1 11	1 14	1 17	1 19	1 22	1 24
0 75	1 19	1 22	1 25	1 28	1 30	1 33
0 80	1 27	1 30	1 33	1 36	1 39	1 42
0 85	1 35	1 38	1 42	1 45	1 48	1 51
0 90	1 43	1 47	1 50	1 53	1 57	1 60
0 95	1 51	1 55	1 58	1 62	1 65	1 69
1 »	1 60	1 63	1 66	1 70	1 74	1 78
2 »	3 18	3 26	3 33	3 40	3 48	3 55
3 »	4 77	4 88	4 99	5 11	5 22	5 33
4 »	6 36	6 51	6 66	6 81	6 96	7 10
5 »	7 95	8 14	8 32	8 51	8 69	8 88
6 »	9 55	9 77	9 99	10 21	10 43	10 66
7 »	11 14	11 40	11 65	11 91	12 17	12 43
8 »	12 73	13 02	13 32	13 62	13 91	14 21
9 »	14 32	14 65	14 98	15 32	15 65	15 98
10 »	15 91	16 28	16 65	17 02	17 39	17 76
11 »	17 51	17 91	18 31	18 72	19 13	19 54
12 »	19 09	19 54	19 98	20 42	20 87	21 31

LONGUEURS.	38	39	40	41	42	43
0 05	0 07	0 07	0 08	0 08	0 08	0 08
0 10	0 14	0 15	0 15	0 16	0 16	0 16
0 15	0 22	0 22	0 23	0 23	0 24	0 25
0 20	0 29	0 30	0 30	0 31	0 32	0 33
0 25	0 36	0 37	0 38	0 39	0 40	0 41
0 30	0 43	0 44	0 46	0 47	0 48	0 49
0 35	0 51	0 52	0 53	0 55	0 56	0 57
0 40	0 58	0 59	0 61	0 62	0 64	0 65
0 45	0 65	0 67	0 68	0 70	0 72	0 74
0 50	0 72	0 74	0 76	0 78	0 80	0 82
0 55	0 79	0 82	0 84	0 86	0 88	0 90
0 60	0 87	0 89	0 91	0 93	0 96	0 98
0 65	0 94	0 96	0 99	1 01	1 04	1 06
0 70	1 01	1 04	1 06	1 09	1 12	1 14
0 75	1 08	1 11	1 14	1 17	1 20	1 23
0 80	1 15	1 19	1 22	1 25	1 28	1 31
0 85	1 23	1 26	1 29	1 32	1 36	1 39
0 90	1 30	1 33	1 37	1 40	1 44	1 47
0 95	1 37	1 41	1 44	1 48	1 52	1 55
1 »	1 44	1 48	1 52	1 56	1 60	1 63
2 »	2 89	2 96	3 04	3 12	3 19	3 27
3 »	4 33	4 45	4 56	4 67	4 79	4 90
4 »	5 77	5 93	6 08	6 23	6 38	6 54
5 »	7 22	7 41	7 60	7 79	7 98	8 17
6 »	8 66	8 89	9 12	9 35	9 58	9 80
7 »	10 11	10 37	10 64	10 91	11 17	11 44
8 »	11 55	11 86	12 16	12 46	12 77	13 07
9 »	13 »	13 34	13 68	14 02	14 36	14 71
10 »	14 44	14 82	15 20	15 58	15 96	16 34
11 »	15 88	16 30	16 72	17 14	17 56	17 97
12 »	17 33	17 78	18 24	18 70	19 15	19 61

LONGUEURS.	44	45	46	47	48	49
0 05	0 08	0 09	0 09	0 09	0 09	0 09
0 10	0 17	0 17	0 17	0 18	0 18	0 19
0 15	0 25	0 26	0 26	0 27	0 27	0 28
0 20	0 33	0 34	0 35	0 36	0 36	0 37
0 25	0 42	0 43	0 44	0 45	0 46	0 46
0 30	0 50	0 51	0 52	0 54	0 55	0 56
0 35	0 59	0 60	0 61	0 63	0 64	0 65
0 40	0 67	0 68	0 70	0 71	0 73	0 74
0 45	0 75	0 77	0 79	0 80	0 82	0 84
0 50	0 84	0 85	0 87	0 89	0 91	0 93
0 55	0 92	0 94	0 96	0 98	1 »	1 02
0 60	1 »	1 03	1 05	1 07	1 09	1 12
0 65	1 09	1 11	1 14	1 16	1 19	1 21
0 70	1 17	1 20	1 22	1 25	1 28	1 30
0 75	1 25	1 28	1 31	1 34	1 37	1 40
0 80	1 34	1 37	1 40	1 43	1 46	1 49
0 85	1 42	1 45	1 49	1 52	1 55	1 58
0 90	1 50	1 54	1 57	1 61	1 64	1 68
0 95	1 59	1 62	1 66	1 70	1 73	1 77
1 »	1 67	1 71	1 75	1 79	1 82	1 86
2 »	3 34	3 42	3 50	3 57	3 65	3 72
3 »	5 02	5 13	5 24	5 36	5 47	5 59
4 »	6 69	6 84	6 99	7 14	7 30	7 45
5 »	8 36	8 55	8 74	8 93	9 12	9 31
6 »	10 03	10 26	10 49	10 72	10 94	11 17
7 »	11 70	11 97	12 24	12 50	12 77	13 03
8 »	13 38	13 68	13 98	14 29	14 59	14 90
9 »	15 05	15 39	15 73	16 07	16 42	16 76
10 »	16 72	17 10	17 48	17 86	18 24	18 62
11 »	18 39	18 81	19 23	19 65	20 06	20 48
12 »	20 06	20 52	20 98	21 43	21 89	22 34

LONGUEURS.	39	40	41	42	43	44
0 05	0 08	0 08	0 08	0 08	0 08	0 09
0 10	0 15	0 16	0 16	0 16	0 17	0 17
0 15	0 23	0 23	0 24	0 25	0 25	0 26
0 20	0 30	0 31	0 32	0 33	0 34	0 34
0 25	0 38	0 39	0 40	0 41	0 42	0 43
0 30	0 46	0 47	0 48	0 49	0 50	0 51
0 35	0 53	0 55	0 56	0 57	0 59	0 60
0 40	0 61	0 62	0 64	0 66	0 67	0 69
0 45	0 68	0 70	0 72	0 74	0 76	0 77
0 50	0 76	0 78	0 80	0 82	0 84	0 86
0 55	0 84	0 86	0 88	0 90	0 92	0 94
0 60	0 91	0 94	0 96	0 98	1 01	1 03
0 65	0 99	1 01	1 04	1 06	1 09	1 12
0 70	1 06	1 09	1 12	1 15	1 17	1 20
0 75	1 14	1 17	1 20	1 23	1 26	1 29
0 80	1 22	1 25	1 28	1 31	1 34	1 37
0 85	1 29	1 33	1 36	1 39	1 43	1 46
0 90	1 37	1 40	1 44	1 47	1 51	1 54
0 95	1 44	1 48	1 52	1 56	1 59	1 63
1 »	1 52	1 56	1 60	1 64	1 68	1 72
2 »	3 04	3 12	3 20	3 28	3 35	3 43
3 »	4 56	4 68	4 80	4 91	5 03	5 15
4 »	6 08	6 24	6 40	6 55	6 71	6 86
5 »	7 60	7 80	7 99	8 19	8 38	8 58
6 »	9 13	9 36	9 59	9 83	10 06	10 30
7 »	10 65	10 92	11 19	11 47	11 74	12 01
8 »	12 17	12 48	12 79	13 10	13 42	13 73
9 »	13 69	14 04	14 39	14 74	15 09	15 44
10 »	15 21	15 60	15 99	16 38	16 77	17 16
11 »	16 73	17 16	17 59	18 02	18 45	18 88
12 »	18 25	18 72	19 19	19 66	20 12	20 59

LONGUEURS.	45	46	47	48	49	50
0 05	0 09	0 09	0 09	0 09	0 10	0 10
0 10	0 18	0 18	0 18	0 19	0 19	0 19
0 15	0 26	0 27	0 27	0 28	0 29	0 29
0 20	0 35	0 36	0 37	0 37	0 38	0 39
0 25	0 44	0 45	0 46	0 47	0 48	0 49
0 30	0 53	0 54	0 55	0 56	0 57	0 58
0 35	0 61	0 63	0 64	0 66	0 67	0 68
0 40	0 70	0 72	0 73	0 75	0 76	0 78
0 45	0 79	0 81	0 82	0 84	0 86	0 88
0 50	0 88	0 90	0 92	0 94	0 96	0 97
0 55	0 97	0 99	1 01	1 03	1 05	1 07
0 60	1 05	1 08	1 10	1 12	1 15	1 17
0 65	1 14	1 17	1 19	1 22	1 24	1 27
0 70	1 23	1 26	1 28	1 31	1 34	1 36
0 75	1 32	1 35	1 37	1 40	1 43	1 46
0 80	1 40	1 43	1 47	1 50	1 53	1 56
0 85	1 49	1 52	1 56	1 59	1 62	1 66
0 90	1 58	1 61	1 65	1 68	1 72	1 75
0 95	1 67	1 70	1 74	1 78	1 82	1 85
1 »	1 75	1 79	1 83	1 87	1 91	1 95
2 »	3 51	3 59	3 67	3 74	3 82	3 90
3 »	5 26	5 38	5 50	5 62	5 73	5 85
4 »	7 02	7 18	7 33	7 49	7 64	7 80
5 »	8 77	8 97	9 16	9 36	9 55	9 75
6 »	10 53	10 76	11 »	11 23	11 47	11 70
7 »	12 28	12 56	12 83	13 10	13 38	13 65
8 »	14 04	14 35	14 66	14 98	15 29	15 60
9 »	15 79	16 15	16 50	16 85	17 20	17 55
10 »	17 55	17 94	18 33	18 72	19 11	19 50
11 »	19 30	19 73	20 16	20 59	21 02	21 45
12 »	21 06	21 53	22 »	22 46	22 93	23 40

LONGUEURS.	40	41	42	43	44	45
0 05	0 08	0 08	0 08	0 09	0 09	0 09
0 10	0 16	0 16	0 17	0 17	0 18	0 18
0 15	0 24	0 25	0 25	0 26	0 26	0 27
0 20	0 32	0 33	0 34	0 34	0 35	0 36
0 25	0 40	0 41	0 42	0 43	0 44	0 45
0 30	0 48	0 49	0 50	0 52	0 53	0 54
0 35	0 56	0 57	0 58	0 60	0 62	0 63
0 40	0 64	0 66	0 67	0 69	0 70	0 72
0 45	0 72	0 74	0 76	0 77	0 79	0 81
0 50	0 80	0 82	0 84	0 86	0 88	0 90
0 55	0 88	0 90	0 92	0 95	0 97	0 99
0 60	0 96	0 98	1 01	1 03	1 06	1 08
0 65	1 04	1 07	1 09	1 12	1 14	1 17
0 70	1 12	1 15	1 18	1 20	1 23	1 26
0 75	1 20	1 23	1 26	1 29	1 32	1 35
0 80	1 28	1 31	1 34	1 38	1 41	1 44
0 85	1 36	1 39	1 43	1 46	1 50	1 53
0 90	1 44	1 48	1 51	1 55	1 58	1 62
0 95	1 52	1 56	1 60	1 63	1 67	1 71
1 »	1 60	1 64	1 68	1 72	1 76	1 80
2 »	3 20	3 28	3 36	3 44	3 52	3 60
3 »	4 80	4 92	5 04	5 16	5 28	5 40
4 »	6 40	6 56	6 72	6 88	7 04	7 20
5 »	8 »	8 20	8 40	8 60	8 80	9 »
6 »	9 60	9 84	10 08	10 32	10 56	10 80
7 »	11 20	11 48	11 76	12 04	12 32	12 60
8 »	12 80	13 12	13 44	13 76	14 08	14 40
9 »	14 40	14 76	15 12	15 48	15 84	16 20
10 »	16 »	16 40	16 80	17 20	17 60	18 »
11 »	17 60	18 04	18 48	18 92	19 36	19 80
12 »	19 20	19 68	20 16	20 64	21 12	21 60

LONGUEURS.	46	47	48	49	50	51
0 05	0 09	0 09	0 10	0 10	0 10	0 10
0 10	0 18	0 18	0 19	0 20	0 20	0 20
0 15	0 28	0 28	0 29	0 29	0 30	0 31
0 20	0 37	0 38	0 38	0 39	0 40	0 41
0 25	0 46	0 47	0 48	0 49	0 50	0 51
0 30	0 55	0 56	0 58	0 59	0 60	0 61
0 35	0 64	0 66	0 67	0 69	0 70	0 71
0 40	0 74	0 75	0 77	0 78	0 80	0 82
0 45	0 83	0 85	0 86	0 88	0 90	0 92
0 50	0 92	0 94	0 96	0 98	1 »	1 02
0 55	1 01	1 03	1 06	1 08	1 10	1 12
0 60	1 10	1 13	1 15	1 18	1 20	1 22
0 65	1 20	1 22	1 25	1 27	1 30	1 33
0 70	1 29	1 32	1 34	1 37	1 40	1 43
0 75	1 38	1 41	1 44	1 47	1 50	1 53
0 80	1 47	1 50	1 54	1 57	1 60	1 63
0 85	1 56	1 60	1 63	1 67	1 70	1 73
0 90	1 66	1 69	1 73	1 76	1 80	1 84
0 95	1 75	1 79	1 82	1 86	1 90	1 94
1 »	1 84	1 88	1 92	1 96	2 »	2 04
2 »	3 68	3 76	3 84	3 92	4 »	4 08
3 »	5 52	5 64	5 76	5 88	6 »	6 12
4 »	7 36	7 52	7 68	7 84	8 »	8 16
5 »	9 20	9 40	9 60	9 80	10 »	10 20
6 »	11 04	11 28	11 52	11 76	12 »	12 24
7 »	12 88	13 16	13 44	13 72	14 »	14 28
8 »	14 72	15 04	15 36	15 68	16 »	16 32
9 »	16 56	16 92	17 28	17 64	18 »	18 36
10 »	18 40	18 80	19 20	19 60	20 »	20 40
11 »	20 24	20 68	21 12	21 56	22 »	22 44
12 »	22 08	22 56	23 04	23 52	24 »	24 48

LONGUEURS.	41	42	43	44	45	46
0 05	0 08	0 09	0 09	0 09	0 09	0 09
0 10	0 17	0 17	0 18	0 18	0 18	0 19
0 15	0 25	0 26	0 26	0 27	0 28	0 28
0 20	0 34	0 34	0 35	0 36	0 37	0 38
0 25	0 42	0 43	0 44	0 45	0 46	0 47
0 30	0 50	0 52	0 53	0 54	0 55	0 57
0 35	0 59	0 60	0 62	0 63	0 64	0 66
0 40	0 67	0 69	0 71	0 72	0 74	0 75
0 45	0 76	0 77	0 79	0 81	0 83	0 85
0 50	0 84	0 86	0 88	0 90	0 92	0 94
0 55	0 92	0 95	0 97	0 99	1 01	1 04
0 60	1 01	1 03	1 06	1 08	1 11	1 13
0 65	1 09	1 12	1 15	1 17	1 20	1 23
0 70	1 18	1 21	1 23	1 26	1 29	1 32
0 75	1 26	1 29	1 32	1 35	1 38	1 41
0 80	1 34	1 38	1 41	1 44	1 48	1 51
0 85	1 43	1 46	1 50	1 54	1 57	1 60
0 90	1 51	1 55	1 58	1 62	1 66	1 70
0 95	1 60	1 64	1 67	1 71	1 75	1 79
1 »	1 68	1 72	1 76	1 80	1 84	1 89
2 »	3 36	3 44	3 53	3 61	3 69	3 77
3 »	5 04	5 17	5 29	5 41	5 53	5 66
4 »	6 72	6 89	7 05	7 22	7 38	7 54
5 »	8 40	8 61	8 81	9 02	9 22	9 43
6 »	10 09	10 33	10 58	10 82	11 07	11 32
7 »	11 77	12 05	12 34	12 63	12 91	13 20
8 »	13 45	13 78	14 10	14 43	14 76	15 09
9 »	15 13	15 50	15 87	16 24	16 60	16 97
10 »	16 81	17 22	17 63	18 04	18 45	18 86
11 »	18 49	18 94	19 39	19 84	20 29	20 75
12 »	20 17	20 66	21 16	21 65	22 14	22 63

LONGUEURS.	42	43	44	45	46	47
0 05	0 09	0 09	0 09	0 09	0 10	0 10
0 10	0 18	0 18	0 18	0 19	0 19	0 20
0 15	0 26	0 27	0 28	0 28	0 29	0 30
0 20	0 35	0 36	0 37	0 38	0 39	0 39
0 25	0 44	0 45	0 46	0 47	0 48	0 49
0 30	0 53	0 54	0 55	0 57	0 58	0 59
0 35	0 62	0 63	0 65	0 66	0 68	0 69
0 40	0 71	0 72	0 74	0 76	0 77	0 79
0 45	0 79	0 81	0 83	0 85	0 87	0 89
0 50	0 88	0 90	0 92	0 94	0 97	0 99
0 55	0 97	0 99	1 02	1 04	1 06	1 09
0 60	1 06	1 08	1 11	1 13	1 16	1 18
0 65	1 15	1 17	1 20	1 23	1 26	1 28
0 70	1 23	1 26	1 29	1 32	1 35	1 38
0 75	1 32	1 35	1 39	1 42	1 45	1 48
0 80	1 41	1 44	1 48	1 51	1 55	1 58
0 85	1 50	1 54	1 57	1 61	1 64	1 68
0 90	1 59	1 63	1 66	1 70	1 74	1 78
0 95	1 68	1 72	1 76	1 80	1 84	1 88
1 »	1 76	1 81	1 85	1 89	1 93	1 97
2 »	3 53	3 61	3 70	3 78	3 86	3 95
3 »	5 29	5 42	5 54	5 67	5 80	5 92
4 »	7 06	7 22	7 39	7 56	7 73	7 90
5 »	8 82	9 03	9 24	9 45	9 66	9 87
6 »	10 58	10 84	11 09	11 34	11 59	11 84
7 »	12 35	12 64	12 94	13 23	13 52	13 82
8 »	14 11	14 45	14 78	15 12	15 46	15 79
9 »	15 88	16 25	16 63	17 01	17 39	17 77
10 »	17 64	18 06	18 48	18 90	19 32	19 74
11 »	19 40	19 87	20 33	20 79	21 25	21 71
12 »	21 17	21 67	22 18	22 68	23 18	23 69

LONGUEURS.	43	44	45	46	47	48
0 05	0 09	0 09	0 10	0 10	0 10	0 10
0 10	0 18	0 19	0 19	0 20	0 20	0 21
0 15	0 28	0 28	0 29	0 30	0 30	0 31
0 20	0 37	0 38	0 39	0 40	0 40	0 41
0 25	0 46	0 47	0 48	0 49	0 51	0 52
0 30	0 55	0 57	0 58	0 59	0 61	0 62
0 35	0 65	0 66	0 68	0 69	0 71	0 72
0 40	0 74	0 76	0 77	0 79	0 81	0 83
0 45	0 83	0 85	0 87	0 89	0 91	0 93
0 50	0 92	0 95	0 97	0 99	1 01	1 03
0 55	1 02	1 04	1 06	1 09	1 11	1 14
0 60	1 11	1 14	1 16	1 19	1 21	1 24
0 65	1 20	1 23	1 26	1 29	1 31	1 34
0 70	1 29	1 32	1 35	1 38	1 41	1 44
0 75	1 39	1 42	1 45	1 48	1 52	1 55
0 80	1 48	1 51	1 55	1 58	1 62	1 65
0 85	1 57	1 61	1 64	1 68	1 72	1 75
0 90	1 66	1 70	1 74	1 78	1 82	1 86
0 95	1 76	1 80	1 84	1 88	1 92	1 96
1 »	1 85	1 89	1 93	1 98	2 02	2 06
2 »	3 70	3 78	3 87	3 96	4 04	4 13
3 »	5 55	5 68	5 80	5 93	6 06	6 19
4 »	7 40	7 57	7 74	7 91	8 08	8 26
5 »	9 24	9 46	9 67	9 89	10 10	10 32
6 »	11 09	11 35	11 61	11 87	12 13	12 38
7 »	12 94	13 24	13 54	13 85	14 15	14 45
8 »	14 79	15 14	15 48	15 82	16 17	16 51
9 »	16 64	17 03	17 41	17 80	18 19	18 58
10 »	18 49	18 92	19 35	19 78	20 21	20 64
11 »	20 34	20 81	21 28	21 76	22 23	22 70
12 »	22 19	22 70	23 22	23 74	24 25	24 77

LONGUEURS.	44	45	46	47	48	49
0 05	0 10	0 10	0 10	0 10	0 11	0 11
0 10	0 19	0 20	0 20	0 21	0 21	0 22
0 15	0 29	0 30	0 30	0 31	0 32	0 32
0 20	0 39	0 40	0 40	0 41	0 42	0 43
0 25	0 48	0 49	0 51	0 52	0 53	0 54
0 30	0 58	0 59	0 61	0 62	0 63	0 65
0 35	0 68	0 69	0 71	0 73	0 74	0 75
0 40	0 74	0 79	0 81	0 83	0 84	0 86
0 45	0 87	0 89	0 91	0 93	0 95	0 97
0 50	0 97	0 99	1 01	1 03	1 06	1 08
0 55	1 06	1 09	1 11	1 14	1 16	1 19
0 60	1 16	1 19	1 21	1 24	1 27	1 29
0 65	1 26	1 29	1 32	1 34	1 37	1 40
0 70	1 36	1 39	1 42	1 45	1 48	1 51
0 75	1 45	1 48	1 52	1 55	1 58	1 62
0 80	1 55	1 58	1 62	1 65	1 69	1 72
0 85	1 65	1 68	1 72	1 76	1 80	1 83
0 90	1 74	1 78	1 82	1 86	1 90	1 94
0 95	1 84	1 88	1 92	1 96	2 01	2 05
1 »	1 94	1 98	2 02	2 07	2 11	2 16
2 »	3 87	3 96	4 05	4 14	4 22	4 31
3 »	5 81	5 94	6 07	6 20	6 34	6 47
4 »	7 74	7 92	8 10	8 27	8 45	8 62
5 »	9 68	9 90	10 12	10 34	10 56	10 78
6 »	11 62	11 88	12 14	12 41	12 67	12 94
7 »	13 55	13 86	14 17	14 48	14 78	15 09
8 »	15 49	15 84	16 19	16 54	16 90	17 25
9 »	17 42	17 82	18 22	18 61	19 01	19 40
10 »	19 36	19 80	20 24	20 68	21 12	21 56
11 »	21 30	21 78	22 26	22 75	23 23	23 72
12 »	23 23	23 76	24 29	24 82	25 34	25 87

LONGUEURS.	45	46	47	48	49	50
0 05	0 10	0 10	0 11	0 11	0 11	0 11
0 10	0 20	0 21	0 21	0 22	0 22	0 22
0 15	0 30	0 31	0 32	0 32	0 33	0 34
0 20	0 40	0 41	0 42	0 43	0 44	0 45
0 25	0 51	0 52	0 53	0 54	0 55	0 56
0 30	0 61	0 62	0 63	0 65	0 66	0 67
0 35	0 71	0 72	0 74	0 76	0 77	0 79
0 40	0 81	0 83	0 85	0 86	0 88	0 90
0 45	0 91	0 93	0 95	0 97	0 99	1 01
0 50	1 01	1 03	1 06	1 08	1 10	1 12
0 55	1 11	1 14	1 16	1 19	1 21	1 24
0 60	1 21	1 24	1 27	1 30	1 32	1 35
0 65	1 32	1 35	1 37	1 40	1 43	1 46
0 70	1 42	1 45	1 48	1 51	1 54	1 57
0 75	1 52	1 55	1 59	1 62	1 65	1 69
0 80	1 62	1 66	1 69	1 73	1 76	1 80
0 85	1 72	1 76	1 80	1 84	1 87	1 91
0 90	1 82	1 86	1 90	1 94	1 98	2 02
0 95	1 92	1 97	2 01	2 05	2 09	2 14
1 »	2 02	2 07	2 11	2 16	2 20	2 25
2 »	4 05	4 14	4 23	4 32	4 41	4 50
3 »	6 07	6 21	6 34	6 48	6 61	6 75
4 »	8 10	8 28	8 46	8 64	8 82	9 »
5 »	10 12	10 35	10 57	10 80	11 02	11 25
6 »	12 15	12 42	12 69	12 96	13 23	13 50
7 »	14 17	14 49	14 80	15 12	15 43	15 75
8 »	16 20	16 56	16 92	17 28	17 64	18 »
9 »	18 22	18 63	19 03	19 44	19 84	20 25
10 »	20 25	20 70	21 15	21 60	22 05	22 50
11 »	22 27	22 77	23 26	23 76	24 25	24 75
12 »	24 30	24 84	25 38	25 92	26 46	27 »

LONGUEURS.	46	47	48	49	50	51
0 05	0 11	0 11	0 11	0 11	0 11	0 12
0 10	0 21	0 22	0 22	0 23	0 23	0 23
0 15	0 32	0 32	0 33	0 34	0 34	0 35
0 20	0 42	0 43	0 44	0 45	0 46	0 47
0 25	0 53	0 54	0 55	0 56	0 57	0 59
0 30	0 63	0 65	0 66	0 68	0 69	0 71
0 35	0 74	0 76	0 77	0 79	0 80	0 82
0 40	0 85	0 86	0 88	0 90	0 92	0 94
0 45	0 95	0 97	0 99	1 01	1 03	1 06
0 50	1 06	1 08	1 10	1 13	1 15	1 17
0 55	1 16	1 19	1 21	1 24	1 26	1 29
0 60	1 27	1 30	1 32	1 35	1 38	1 41
0 65	1 38	1 41	1 44	1 47	1 49	1 52
0 70	1 48	1 51	1 55	1 58	1 61	1 64
0 75	1 59	1 62	1 66	1 69	1 72	1 76
0 80	1 69	1 73	1 77	1 80	1 84	1 88
0 85	1 80	1 84	1 88	1 92	1 95	1 99
0 90	1 90	1 95	1 99	2 03	2 07	2 11
0 95	2 01	2 05	2 10	2 14	2 18	2 23
1 »	2 12	2 16	2 21	2 25	2 30	2 35
2 »	4 23	4 32	4 42	4 51	4 60	4 69
3 »	6 35	6 49	6 62	6 76	6 90	7 04
4 »	8 46	8 65	8 83	9 02	9 20	9 38
5 »	10 58	10 81	11 04	11 27	11 50	11 73
6 »	12 70	12 97	13 25	13 52	13 80	14 08
7 »	14 81	15 13	15 46	15 78	16 10	16 42
8 »	16 93	17 30	17 66	18 03	18 40	18 77
9 »	19 04	19 46	19 87	20 29	20 70	21 11
10 »	21 16	21 62	22 08	22 54	23 »	23 46
11 »	23 28	23 78	24 29	24 79	25 30	25 81
12 »	25 39	25 94	26 50	27 05	27 60	28 15

LONGUEURS.	47	48	49	50	51	52
0 05	0 11	0 11	0 12	0 12	0 12	0 12
0 10	0 22	0 23	0 23	0 23	0 24	0 24
0 15	0 33	0 34	0 35	0 35	0 36	0 37
0 20	0 44	0 45	0 46	0 47	0 48	0 49
0 25	0 55	0 56	0 58	0 59	0 60	0 61
0 30	0 66	0 68	0 69	0 70	0 72	0 73
0 35	0 77	0 79	0 81	0 82	0 84	0 86
0 40	0 88	0 90	0 92	0 94	0 96	0 98
0 45	0 99	1 02	1 04	1 06	1 08	1 10
0 50	1 10	1 13	1 15	1 17	1 20	1 22
0 55	1 21	1 24	1 27	1 29	1 32	1 34
0 60	1 33	1 35	1 38	1 41	1 44	1 47
0 65	1 44	1 47	1 50	1 53	1 56	1 59
0 70	1 55	1 58	1 61	1 64	1 68	1 71
0 75	1 66	1 69	1 73	1 76	1 80	1 83
0 80	1 77	1 80	1 84	1 88	1 92	1 96
0 85	1 88	1 92	1 96	2 »	2 04	2 08
0 90	1 99	2 03	2 07	2 11	2 16	2 20
0 95	2 10	2 14	2 19	2 23	2 28	2 32
1 »	2 21	2 26	2 30	2 35	2 40	2 44
2 »	4 42	4 51	4 61	4 70	4 79	4 89
3 »	6 63	6 77	6 91	7 05	7 19	7 33
4 »	8 84	9 02	9 21	9 40	9 59	9 78
5 »	11 04	11 28	11 51	11 75	11 98	12 22
6 »	13 25	13 54	13 82	14 10	14 38	14 66
7 »	15 46	15 79	16 12	16 45	16 78	17 11
8 »	17 67	18 05	18 42	18 80	19 18	19 55
9 »	19 88	20 30	20 73	21 15	21 57	22 »
10 »	22 09	22 56	23 03	23 50	23 97	24 44
11 »	24 30	24 86	25 33	25 85	26 37	26 88
12 »	26 51	27 07	27 64	28 20	28 76	29 33

LONGUEURS.	48	49	50	51	52	53
0 05	0 12	0 12	0 12	0 12	0 12	0 13
0 10	0 23	0 24	0 24	0 24	0 25	0 25
0 15	0 35	0 35	0 36	0 37	0 37	0 38
0 20	0 46	0 47	0 48	0 49	0 50	0 51
0 25	0 58	0 59	0 60	0 61	0 62	0 64
0 30	0 69	0 71	0 72	0 73	0 75	0 76
0 35	0 81	0 82	0 84	0 86	0 87	0 89
0 40	0 92	0 94	0 96	0 98	1 »	1 02
0 45	1 04	1 06	1 08	1 10	1 12	1 14
0 50	1 15	1 18	1 20	1 22	1 25	1 27
0 55	1 27	1 29	1 32	1 35	1 37	1 40
0 60	1 38	1 41	1 44	1 47	1 50	1 53
0 65	1 50	1 53	1 56	1 59	1 62	1 65
0 70	1 61	1 65	1 68	1 71	1 75	1 78
0 75	1 73	1 76	1 80	1 84	1 87	1 91
0 80	1 84	1 88	1 92	1 96	2 »	2 04
0 85	1 96	2 »	2 04	2 08	2 12	2 16
0 90	2 07	2 12	2 16	2 20	2 25	2 29
0 95	2 19	2 23	2 28	2 32	2 37	2 42
1 »	2 30	2 35	2 40	2 45	2 50	2 54
2 »	4 61	4 70	4 80	4 90	4 99	5 09
3 »	6 91	7 06	7 20	7 34	7 49	7 63
4 »	9 22	9 41	9 60	9 79	9 98	10 18
5 »	10 52	11 76	12 »	12 24	12 48	12 72
6 »	13 82	14 11	14 40	14 69	14 98	15 26
7 »	16 13	16 46	16 80	17 14	17 47	17 81
8 »	18 43	18 82	19 20	19 58	19 97	20 35
9 »	20 74	21 17	21 60	22 03	22 46	22 90
10 »	23 04	23 52	24 »	24 48	24 96	25 44
11 »	25 34	25 87	26 40	26 93	27 46	27 98
12 »	27 65	28 22	28 80	29 38	29 95	30 53

LONGUEURS.	49	50	51	52	53	54
0 05	0 12	0 12	0 12	0 13	0 13	0 13
0 10	0 24	0 24	0 25	0 25	0 26	0 26
0 15	0 36	0 37	0 37	0 38	0 39	0 40
0 20	0 48	0 49	0 50	0 51	0 52	0 53
0 25	0 60	0 61	0 62	0 64	0 65	0 66
0 30	0 72	0 73	0 75	0 76	0 78	0 79
0 35	0 84	0 86	0 87	0 89	0 91	0 93
0 40	0 96	0 98	1 »	1 02	1 04	1 06
0 45	1 08	1 10	1 12	1 15	1 17	1 19
0 50	1 20	1 22	1 25	1 27	1 30	1 32
0 55	1 32	1 35	1 37	1 40	1 43	1 46
0 60	1 44	1 47	1 50	1 53	1 56	1 59
0 65	1 56	1 59	1 62	1 66	1 69	1 72
0 70	1 68	1 71	1 75	1 78	1 82	1 85
0 75	1 80	1 84	1 87	1 91	1 95	1 98
0 80	1 92	1 96	2 »	2 04	2 08	2 12
0 85	2 04	2 08	2 12	2 16	2 21	2 25
0 90	2 16	2 21	2 25	2 29	2 34	2 38
0 95	2 28	2 33	2 38	2 42	2 47	2 51
1 »	2 40	2 45	2 50	2 55	2 60	2 65
2 »	4 80	4 90	5 »	5 10	5 19	5 29
3 »	7 20	7 35	7 50	7 64	7 79	7 94
4 »	9 60	9 80	10 »	10 19	10 39	10 58
5 »	12 »	12 25	12 49	12 74	12 98	13 23
6 »	14 41	14 70	14 99	15 29	15 58	15 88
7 »	16 81	17 15	17 49	17 84	18 18	18 52
8 »	19 21	19 60	19 99	20 38	20 78	21 17
9 »	21 61	22 05	22 49	22 93	23 37	23 81
10 »	24 01	24 50	24 99	25 48	25 97	26 46
11 »	26 41	26 95	27 49	28 03	28 57	29 11
12 »	28 81	29 40	29 99	30 58	31 16	31 75

LONGUEURS.	50	51	52	53	54	55
0 05	0 12	0 13	0 13	0 13	0 13	0 14
0 10	0 25	0 25	0 26	0 26	0 27	0 27
0 15	0 37	0 38	0 39	0 40	0 40	0 41
0 20	0 50	0 51	0 52	0 53	0 54	0 55
0 25	0 62	0 64	0 65	0 66	0 67	0 69
0 30	0 75	0 76	0 78	0 79	0 81	0 82
0 35	0 87	0 89	0 91	0 93	0 94	0 96
0 40	1 »	1 02	1 04	1 06	1 08	1 10
0 45	1 12	1 15	1 17	1 19	1 21	1 24
0 50	1 25	1 27	1 30	1 32	1 35	1 37
0 55	1 37	1 40	1 43	1 46	1 48	1 51
0 60	1 50	1 53	1 56	1 59	1 62	1 65
0 65	1 62	1 66	1 69	1 72	1 75	1 79
0 70	1 75	1 78	1 82	1 85	1 89	1 92
0 75	1 87	1 91	1 95	1 99	2 02	2 06
0 80	2 »	2 04	2 08	2 12	2 16	2 20
0 85	2 12	2 17	2 21	2 25	2 29	2 34
0 90	2 25	2 29	2 34	2 38	2 43	2 47
0 95	2 37	2 42	2 47	2 52	2 56	2 61
1 »	2 50	2 55	2 60	2 65	2 70	2 75
2 »	5 »	5 10	5 20	5 30	5 40	5 50
3 »	7 50	7 65	7 80	7 95	8 10	8 25
4 »	10 »	10 20	10 40	10 60	10 80	11 »
5 »	12 50	12 75	13 »	13 25	13 50	13 75
6 »	15 »	15 30	15 60	15 90	16 20	16 50
7 »	17 50	17 85	18 20	18 55	18 90	19 25
8 »	20 »	20 40	20 80	21 20	21 60	22 »
9 »	22 50	22 95	23 40	23 85	24 30	24 75
10 »	25 »	25 50	26 »	26 50	27 »	27 50
11 »	27 50	28 05	28 60	29 15	29 70	30 25
12 »	30 »	30 60	31 20	31 80	32 40	33 »

LONGUEURS.	51	52	53	54	55	56
0 05	0 13	0 13	0 14	0 14	0 14	0 14
0 10	0 26	0 27	0 27	0 27	0 28	0 29
0 15	0 39	0 40	0 41	0 41	0 42	0 43
0 20	0 52	0 53	0 54	0 55	0 56	0 57
0 25	0 65	0 66	0 68	0 69	0 70	0 71
0 30	0 78	0 80	0 81	0 83	0 84	0 86
0 35	0 91	0 93	0 95	0 96	0 98	1 »
0 40	1 04	1 06	1 08	1 10	1 12	1 14
0 45	1 17	1 19	1 22	1 24	1 26	1 29
0 50	1 30	1 33	1 35	1 37	1 40	1 43
0 55	1 43	1 46	1 49	1 51	1 54	1 57
0 60	1 56	1 59	1 62	1 65	1 68	1 71
0 65	1 69	1 72	1 76	1 79	1 82	1 86
0 70	1 82	1 86	1 89	1 93	1 96	2 »
0 75	1 95	1 99	2 03	2 07	2 10	2 14
0 80	2 08	2 12	2 16	2 20	2 24	2 28
0 85	2 21	2 25	2 30	2 34	2 38	2 43
0 90	2 34	2 39	2 43	2 48	2 52	2 57
0 95	2 47	2 52	2 57	2 62	2 66	2 71
1 »	2 60	2 65	2 70	2 75	2 80	2 86
2 »	5 20	5 30	5 41	5 51	5 61	5 71
3 »	7 80	7 96	8 11	8 26	8 41	8 57
4 »	10 40	10 61	10 81	11 02	11 22	11 42
5 »	13 »	13 26	13 51	13 77	14 02	14 28
6 »	15 61	15 91	16 22	16 52	16 83	17 14
7 »	18 21	18 56	18 92	19 28	19 63	19 99
8 »	20 81	21 22	21 62	22 03	22 44	22 85
9 »	23 41	23 87	24 33	24 79	25 24	25 70
10 »	26 01	26 52	27 03	27 54	28 05	28 56
11 »	28 61	29 17	29 73	30 29	30 85	31 42
12 »	31 21	31 82	32 44	33 05	33 66	34 27

LONGUEURS.	52	53	54	55	56	57
0 05	0 14	0 14	0 14	0 14	0 15	0 15
0 10	0 27	0 28	0 28	0 29	0 29	0 30
0 15	0 41	0 41	0 42	0 43	0 44	0 44
0 20	0 54	0 55	0 56	0 57	0 58	0 59
0 25	0 68	0 69	0 70	0 71	0 73	0 74
0 30	0 81	0 83	0 84	0 86	0 87	0 89
0 35	0 95	0 96	0 98	1 »	1 02	1 04
0 40	1 08	1 10	1 12	1 14	1 16	1 19
0 45	1 22	1 24	1 26	1 29	1 31	1 33
0 50	1 35	1 38	1 40	1 43	1 46	1 48
0 55	1 49	1 52	1 54	1 57	1 60	1 63
0 60	1 62	1 65	1 68	1 72	1 75	1 78
0 65	1 76	1 79	1 83	1 86	1 89	1 93
0 70	1 89	1 93	1 97	2 »	2 04	2 07
0 75	2 03	2 07	2 11	2 14	2 18	2 22
0 80	2 16	2 20	2 25	2 29	2 33	2 37
0 85	2 30	2 34	2 39	2 43	2 48	2 52
0 90	2 43	2 48	2 53	2 57	2 62	2 67
0 95	2 57	2 62	2 67	2 72	2 77	2 82
1 »	2 70	2 76	2 81	2 86	2 91	2 96
2 »	5 41	5 51	5 62	5 72	5 82	5 93
3 »	8 11	8 27	8 42	8 58	8 74	8 89
4 »	10 82	11 02	11 23	11 44	11 65	11 86
5 »	13 52	13 78	14 04	14 30	14 56	14 82
6 »	16 22	16 54	16 85	17 16	17 47	17 78
7 »	18 93	19 29	19 66	20 02	20 38	20 75
8 »	21 63	22 05	22 46	22 88	23 30	23 71
9 »	24 34	24 80	25 27	25 74	26 21	26 68
10 »	27 04	27 56	28 08	28 60	29 12	29 64
11 »	29 74	30 32	30 89	31 46	32 03	32 60
12 »	32 45	33 07	33 70	34 32	34 94	35 57

LONGUEURS.	53	54	55	56	57	58
0 05	0 14	0 14	0 15	0 15	0 15	0 15
0 10	0 28	0 29	0 29	0 30	0 30	0 31
0 15	0 42	0 43	0 44	0 45	0 45	0 46
0 20	0 56	0 57	0 58	0 59	0 60	0 61
0 25	0 70	0 72	0 73	0 74	0 76	0 77
0 30	0 84	0 86	0 87	0 89	0 91	0 92
0 35	0 98	1 »	1 02	1 04	1 06	1 08
0 40	1 12	1 14	1 17	1 19	1 21	1 23
0 45	1 26	1 29	1 31	1 34	1 36	1 38
0 50	1 40	1 43	1 46	1 48	1 51	1 54
0 55	1 54	1 57	1 60	1 63	1 66	1 69
0 60	1 69	1 72	1 75	1 78	1 81	1 84
0 65	1 83	1 86	1 89	1 93	1 96	2 »
0 70	1 97	2 »	2 04	2 08	2 11	2 15
0 75	2 11	2 15	2 19	2 23	2 27	2 31
0 80	2 25	2 29	2 33	2 37	2 42	2 46
0 85	2 39	2 43	2 48	2 52	2 57	2 61
0 90	2 53	2 58	2 62	2 67	2 72	2 77
0 95	2 67	2 72	2 77	2 82	2 87	2 92
1 »	2 81	2 86	2 91	2 97	3 02	3 07
2 »	5 62	5 72	5 83	5 94	6 04	6 15
3 »	8 43	8 59	8 74	8 90	9 06	9 22
4 »	11 24	11 45	11 66	11 87	12 08	12 30
5 »	14 04	14 31	14 57	14 84	15 11	15 37
6 »	16 85	17 17	17 49	17 81	18 13	18 44
7 »	19 66	20 03	20 40	20 78	21 15	21 52
8 »	22 47	22 90	23 32	23 74	24 17	24 59
9 »	25 28	25 76	26 23	26 71	27 19	27 67
10 »	28 09	28 62	29 15	29 68	30 21	30 74
11 »	30 90	31 48	32 06	32 65	33 23	33 81
12 »	33 71	34 34	34 98	35 62	36 25	36 89

LONGUEURS.	54	55	56	57	58	59
0 05	0 15	0 15	0 15	0 15	0 16	0 16
0 10	0 29	0 30	0 30	0 31	0 31	0 32
0 15	0 44	0 45	0 45	0 46	0 47	0 48
0 20	0 58	0 59	0 60	0 62	0 63	0 64
0 25	0 73	0 74	0 76	0 77	0 78	0 80
0 30	0 87	0 89	0 91	0 92	0 94	0 96
0 35	1 02	1 04	1 06	1 08	1 10	1 12
0 40	1 17	1 19	1 21	1 23	1 25	1 27
0 45	1 31	1 34	1 36	1 39	1 41	1 43
0 50	1 46	1 48	1 51	1 54	1 57	1 59
0 55	1 60	1 63	1 66	1 69	1 72	1 75
0 60	1 75	1 78	1 81	1 85	1 88	1 91
0 65	1 90	1 93	1 97	2 »	2 04	2 07
0 70	2 04	2 08	2 12	2 15	2 19	2 23
0 75	2 29	2 23	2 27	2 31	2 35	2 39
0 80	2 33	2 38	2 42	2 46	2 51	2 55
0 85	2 48	2 52	2 57	2 62	2 66	2 71
0 90	2 62	2 67	2 72	2 77	2 82	2 87
0 95	2 77	2 82	2 87	2 92	2 98	3 03
1 »	2 92	2 97	3 02	3 08	3 13	3 19
2 »	5 83	5 94	6 05	6 16	6 26	6 37
3 »	8 75	8 91	9 07	9 23	9 40	9 56
4 »	11 66	11 88	12 10	12 31	12 53	12 74
5 »	14 58	14 85	15 12	15 39	15 66	15 93
6 »	17 50	17 82	18 14	18 47	18 79	19 12
7 »	20 41	20 79	21 17	21 55	21 92	22 30
8 »	23 33	23 76	24 19	24 62	25 06	25 49
9 »	26 24	26 73	27 22	27 70	28 19	28 67
10 »	29 16	29 70	30 24	30 88	31 32	31 86
11 »	32 08	32 67	33 26	33 86	34 45	35 05
12 »	34 99	35 64	36 29	36 94	37 58	38 23

LONGUEURS.	55	56	57	58	59	60
0 05	0 15	0 15	0 16	0 16	0 16	0 16
0 10	0 30	0 31	0 31	0 32	0 32	0 33
0 15	0 45	0 46	0 47	0 48	0 49	0 49
0 20	0 60	0 62	0 63	0 64	0 65	0 66
0 25	0 75	0 77	0 78	0 80	0 81	0 82
0 30	0 91	0 92	0 94	0 96	0 97	0 99
0 35	1 06	1 08	1 10	1 12	1 14	1 15
0 40	1 21	1 23	1 25	1 28	1 30	1 32
0 45	1 36	1 39	1 41	1 44	1 46	1 48
0 50	1 51	1 54	1 57	1 59	1 62	1 65
0 55	1 66	1 69	1 72	1 75	1 78	1 81
0 60	1 81	1 85	1 88	1 91	1 95	1 98
0 65	1 97	2 »	2 04	2 07	2 11	2 14
0 70	2 11	2 16	2 19	2 23	2 27	2 31
0 75	2 27	2 31	2 35	2 39	2 43	2 47
0 80	2 42	2 46	2 51	2 55	2 60	2 64
0 85	2 57	2 62	2 66	2 71	2 76	2 80
0 90	2 72	2 77	2 82	2 87	2 92	2 97
0 95	2 87	2 93	2 98	3 03	3 08	3 13
1 »	3 02	3 08	3 13	3 19	3 24	3 30
2 »	6 05	6 16	6 27	6 38	6 49	6 60
3 »	9 07	9 24	9 40	9 57	9 73	9 90
4 »	12 10	12 32	12 54	12 76	12 98	13 20
5 »	15 12	15 40	15 67	15 95	16 22	16 50
6 »	18 15	18 48	18 81	19 14	19 47	19 80
7 »	21 17	21 56	21 94	22 33	22 71	23 10
8 »	24 20	24 64	25 08	25 52	25 96	26 40
9 »	27 22	27 72	28 21	28 71	29 20	29 70
10 »	30 25	30 80	31 35	31 90	32 45	33 »
11 »	33 27	33 88	34 48	35 09	35 69	36 30
12 »	36 30	36 96	37 62	38 28	38 94	39 60

LONGUEURS.	56	57	58	59	60	61
0 05	0 16	0 16	0 16	0 17	0 17	0 17
0 10	0 31	0 32	0 32	0 33	0 34	0 34
0 15	0 47	0 48	0 49	0 50	0 50	0 51
0 20	0 63	0 64	0 65	0 66	0 67	0 68
0 25	0 78	0 80	0 81	0 83	0 84	0 85
0 30	0 94	0 96	0 97	0 99	1 01	1 02
0 35	1 10	1 12	1 14	1 16	1 18	1 20
0 40	1 25	1 28	1 30	1 32	1 34	1 37
0 45	1 41	1 44	1 46	1 49	1 51	1 54
0 50	1 57	1 60	1 62	1 65	1 68	1 71
0 55	1 72	1 76	1 79	1 82	1 85	1 88
0 60	1 88	1 92	1 95	1 98	2 02	2 05
0 65	2 04	2 07	2 11	2 15	2 18	2 22
0 70	2 20	2 23	2 27	2 31	2 35	2 39
0 75	2 35	2 39	2 44	2 48	2 52	2 56
0 80	2 51	2 55	2 60	2 64	2 69	2 73
0 85	2 67	2 71	2 76	2 81	2 86	2 90
0 90	2 82	2 87	2 92	2 97	3 02	3 07
0 95	2 98	3 03	3 09	3 14	3 19	3 24
1 »	3 14	3 19	3 25	3 30	3 36	3 42
2 »	6 27	6 38	6 50	6 61	6 72	6 83
3 »	9 41	9 58	9 74	9 91	10 08	10 25
4 »	12 54	12 77	12 99	13 22	13 44	13 66
5 »	15 68	15 96	16 24	16 52	16 80	17 08
6 »	18 82	19 15	19 49	19 82	20 16	20 50
7 »	21 95	22 34	22 74	23 13	23 52	23 91
8 »	25 09	25 54	25 98	26 43	26 88	27 33
9 »	28 22	28 73	29 23	29 72	30 24	30 74
10 »	31 36	31 92	32 48	33 04	33 60	34 16
11 »	34 50	35 11	35 73	36 34	36 96	37 58
12 »	37 63	38 30	38 98	39 65	40 32	40 99

LONGUEURS.	57	58	59	60	61	62
0 05	0 16	0 17	0 17	0 17	0 17	0 18
0 10	0 32	0 33	0 34	0 34	0 35	0 35
0 15	0 49	0 50	0 50	0 51	0 52	0 53
0 20	0 65	0 66	0 67	0 68	0 70	0 71
0 25	0 81	0 83	0 84	0 85	0 87	0 88
0 30	0 97	0 99	1 01	1 03	1 04	1 06
0 35	1 14	1 16	1 18	1 20	1 22	1 24
0 40	1 30	1 32	1 35	1 37	1 39	1 41
0 45	1 46	1 49	1 51	1 54	1 56	1 59
0 50	1 62	1 65	1 68	1 71	1 74	1 77
0 55	1 79	1 82	1 85	1 88	1 91	1 94
0 60	1 95	1 98	2 02	2 05	2 09	2 12
0 65	2 11	2 15	2 19	2 22	2 26	2 30
0 70	2 27	2 31	2 35	2 39	2 43	2 47
0 75	2 44	2 48	2 52	2 56	2 61	2 65
0 80	2 60	2 64	2 69	2 74	2 78	2 83
0 85	2 76	2 81	2 86	2 91	2 96	3 »
0 90	2 92	2 98	3 03	3 08	3 13	3 18
0 95	3 09	3 14	3 19	3 25	3 30	3 36
1 »	3 25	3 31	3 36	3 42	3 48	3 53
2 »	6 50	6 61	6 73	6 84	6 95	7 07
3 »	9 75	9 92	10 09	10 26	10 43	10 60
4 »	13 »	13 22	13 45	13 68	13 91	14 14
5 »	16 24	16 53	16 81	17 10	17 38	17 67
6 »	19 49	19 84	20 18	20 52	20 86	21 20
7 »	22 74	23 14	23 54	23 94	24 34	24 74
8 »	25 99	26 45	26 90	27 36	27 82	28 27
9 »	29 24	29 75	30 27	30 78	31 29	31 81
10 »	32 49	33 06	33 63	34 20	34 77	35 34
11 »	35 74	36 37	36 99	37 62	38 25	38 87
12 »	38 99	39 67	40 36	41 04	41 72	42 41

LONGUEURS.	58	59	60	61	62	63
0 05	0 17	0 17	0 17	0 18	0 18	0 18
0 10	0 34	0 34	0 35	0 35	0 36	0 37
0 15	0 50	0 51	0 52	0 53	0 54	0 55
0 20	0 67	0 68	0 70	0 71	0 72	0 73
0 25	0 84	0 85	0 87	0 88	0 90	0 91
0 30	1 01	1 03	1 04	1 06	1 08	1 10
0 35	1 18	1 20	1 22	1 24	1 26	1 28
0 40	1 35	1 37	1 39	1 41	1 44	1 46
0 45	1 51	1 54	1 57	1 59	1 62	1 64
0 50	1 68	1 71	1 74	1 77	1 80	1 83
0 55	1 85	1 88	1 91	1 95	1 98	2 01
0 60	2 02	2 05	2 09	2 12	2 16	2 19
0 65	2 19	2 22	2 26	2 30	2 34	2 37
0 70	2 35	2 40	2 44	2 48	2 52	2 56
0 75	2 52	2 57	2 61	2 65	2 70	2 74
0 80	2 69	2 74	2 78	2 83	2 88	2 92
0 85	2 86	2 91	2 96	3 01	3 06	3 11
0 90	3 03	3 08	3 13	3 18	3 24	3 29
0 95	3 20	3 25	3 31	3 36	3 42	3 47
1 »	3 36	3 42	3 48	3 54	3 60	3 65
2 »	6 73	6 84	6 96	7 08	7 19	7 31
3 »	10 09	10 27	10 44	10 61	10 79	10 96
4 »	13 46	13 69	13 92	14 15	14 38	14 62
5 »	16 82	17 11	17 40	17 69	17 98	18 27
6 »	20 18	20 53	20 88	21 23	21 58	21 92
7 »	23 55	23 95	24 36	24 77	25 17	25 58
8 »	26 91	27 38	27 84	28 30	28 77	29 23
9 »	30 28	30 80	31 32	31 84	32 36	32 89
10 »	33 64	34 22	34 80	35 38	35 96	36 54
11 »	37 »	37 64	38 28	38 92	39 56	40 19
12 »	40 37	41 06	41 76	42 46	43 15	43 85

LONGUEURS.	59	60	61	62	63	64
0 05	0 17	0 18	0 18	0 18	0 19	0 19
0 10	0 35	0 35	0 36	0 37	0 37	0 38
0 15	0 52	0 53	0 54	0 55	0 56	0 57
0 20	0 70	0 71	0 72	0 73	0 74	0 76
0 25	0 87	0 88	0 90	0 91	0 93	0 94
0 30	1 04	1 06	1 08	1 10	1 11	1 13
0 35	1 22	1 24	1 26	1 28	1 30	1 32
0 40	1 39	1 42	1 44	1 46	1 49	1 51
0 45	1 57	1 59	1 62	1 65	1 67	1 70
0 50	1 74	1 77	1 80	1 83	1 86	1 89
0 55	1 81	1 85	1 98	2 01	2 04	2 08
0 60	2 09	2 12	2 16	2 19	2 23	2 27
0 65	2 26	2 30	2 34	2 38	2 42	2 45
0 70	2 44	2 48	2 52	2 56	2 60	2 64
0 75	2 61	2 65	2 70	2 74	2 79	2 83
0 80	2 78	2 83	2 88	2 93	2 97	3 02
0 85	2 96	3 01	3 06	3 11	3 16	3 21
0 90	3 13	3 19	3 24	3 29	3 35	3 40
0 95	3 31	3 36	3 42	3 47	3 53	3 59
1 »	3 48	3 54	3 60	3 66	3 72	3 78
2 »	6 96	7 08	7 20	7 32	7 43	7 55
3 »	10 44	10 62	10 80	10 97	11 15	11 33
4 »	13 92	14 16	14 40	14 63	14 87	15 10
5 »	17 40	17 70	17 99	18 29	18 58	18 88
6 »	20 89	21 24	21 59	21 95	22 30	22 66
7 »	24 37	24 78	25 19	25 61	26 02	26 43
8 »	27 85	28 32	28 79	29 26	29 74	30 21
9 »	31 33	31 86	32 39	32 92	33 45	33 98
10 »	34 81	35 40	35 99	36 58	37 17	37 76
11 »	38 29	38 94	39 59	40 24	40 89	41 54
12 »	41 77	42 48	43 19	43 90	44 62	45 31

LONGUEURS.	60	61	62	63	64	65
0 05	0 18	0 18	0 19	0 19	0 19	0 19
0 10	0 36	0 37	0 37	0 38	0 38	0 39
0 15	0 54	0 55	0 56	0 57	0 58	0 58
0 20	0 72	0 73	0 74	0 76	0 77	0 78
0 25	0 90	0 91	0 93	0 94	0 96	0 97
0 30	1 08	1 10	1 12	1 13	1 15	1 17
0 35	1 26	1 28	1 30	1 32	1 34	1 36
0 40	1 44	1 46	1 49	1 51	1 54	1 56
0 45	1 62	1 65	1 67	1 70	1 73	1 75
0 50	1 80	1 83	1 86	1 89	1 92	1 95
0 55	1 98	2 01	2 05	2 08	2 11	2 14
0 60	2 16	2 20	2 23	2 27	2 30	2 34
0 65	2 34	2 38	2 42	2 46	2 49	2 53
0 70	2 52	2 56	2 60	2 65	2 69	2 73
0 75	2 70	2 74	2 79	2 83	2 88	2 92
0 80	2 88	2 93	2 98	3 02	3 07	3 12
0 85	3 06	3 11	3 16	3 21	3 26	3 31
0 90	3 24	3 29	3 35	3 40	3 46	3 51
0 95	3 42	3 48	3 53	3 59	3 65	3 70
1 »	3 60	3 66	3 72	3 78	3 84	3 90
2 »	7 20	7 32	7 44	7 56	7 68	7 80
3 »	10 80	10 98	11 16	11 34	11 52	11 70
4 »	14 40	14 64	14 88	15 12	15 36	15 60
5 »	18 »	18 30	18 60	18 90	19 20	19 50
6 »	21 60	21 96	22 32	22 68	23 04	23 40
7 »	25 20	25 62	26 04	26 46	26 88	27 30
8 »	28 80	29 28	29 76	30 24	30 72	31 20
9 »	32 40	32 94	33 48	34 02	34 56	35 10
10 »	36 »	36 60	37 20	37 80	38 40	39 »
11 »	39 60	40 26	40 92	41 58	42 24	42 90
12 »	43 20	43 92	44 64	45 36	46 08	46 80

LONGUEURS.	61	62	63	64	65	66
0 05	0 19	0 19	0 19	0 20	0 20	0 20
0 10	0 37	0 38	0 38	0 39	0 40	0 40
0 15	0 56	0 57	0 58	0 59	0 59	0 60
0 20	0 74	0 76	0 77	0 78	0 79	0 81
0 25	0 93	0 95	0 96	0 98	0 99	1 01
0 30	1 12	1 13	1 15	1 17	1 19	1 21
0 35	1 30	1 32	1 35	1 37	1 39	1 41
0 40	1 49	1 51	1 54	1 56	1 59	1 61
0 45	1 67	1 70	1 73	1 76	1 78	1 81
0 50	1 86	1 89	1 92	1 95	1 98	2 01
0 55	2 05	2 08	2 11	2 15	2 18	2 21
0 60	2 23	2 27	2 31	2 34	2 38	2 42
0 65	2 42	2 46	2 50	2 54	2 58	2 62
0 70	2 60	2 65	2 69	2 73	2 78	2 82
0 75	2 79	2 84	2 88	2 93	2 97	3 02
0 80	2 98	3 03	3 07	3 12	3 17	3 22
0 85	3 16	3 21	3 27	3 32	3 37	3 42
0 90	3 35	3 40	3 46	3 51	3 57	3 62
0 95	3 54	3 59	3 65	3 71	3 77	3 82
1 »	3 72	3 78	3 84	3 90	3 96	4 03
2 »	7 44	7 56	7 69	7 81	7 93	8 05
3 »	11 16	11 35	11 53	11 71	11 89	12 08
4 »	14 88	15 13	15 37	15 62	15 86	16 10
5 »	18 60	18 91	19 21	19 52	19 82	20 13
6 »	22 33	22 69	23 06	23 42	23 79	24 16
7 »	26 05	26 47	26 90	27 33	27 75	28 18
8 »	29 77	30 26	30 74	31 23	31 72	32 21
9 »	33 49	34 04	34 59	35 14	35 68	36 23
10 »	37 21	37 82	38 43	39 04	39 65	40 26
11 »	40 93	41 60	42 27	42 94	43 61	44 29
12 »	44 65	45 38	46 12	46 85	47 58	48 31

LONGUEURS.	62	63	64	65	66	67
0 05	0 19	0 20	0 20	0 20	0 20	0 21
0 10	0 38	0 39	0 40	0 40	0 41	0 42
0 15	0 58	0 59	0 60	0 60	0 61	0 62
0 20	0 77	0 78	0 79	0 81	0 82	0 83
0 25	0 96	0 98	0 99	1 01	1 02	1 04
0 30	1 15	1 17	1 19	1 21	1 23	1 25
0 35	1 35	1 37	1 39	1 41	1 43	1 45
0 40	1 54	1 56	1 59	1 61	1 64	1 66
0 45	1 73	1 76	1 79	1 81	1 84	1 87
0 50	1 92	1 95	1 98	2 01	2 05	2 08
0 55	2 11	2 15	2 18	2 22	2 25	2 28
0 60	2 31	2 34	2 38	2 42	2 46	2 49
0 65	2 50	2 54	2 58	2 62	2 66	2 70
0 70	2 69	2 73	2 78	2 82	2 86	2 91
0 75	2 88	2 92	2 98	3 02	3 07	3 12
0 80	3 08	3 12	3 17	3 22	3 27	3 32
0 85	3 27	3 32	3 37	3 43	3 48	3 53
0 90	3 46	3 52	3 57	3 63	3 68	3 74
0 95	3 65	3 71	3 77	3 83	3 89	3 95
1 »	3 84	3 91	3 97	4 03	4 09	4 15
2 »	7 69	7 81	7 94	8 06	8 18	8 31
3 »	11 53	11 72	11 90	12 09	12 28	12 46
4 »	15 38	15 62	15 87	16 12	16 37	16 62
5 »	19 22	19 53	19 84	20 15	20 46	20 77
6 »	23 06	23 44	23 81	24 18	24 55	24 92
7 »	26 91	27 34	27 78	28 21	28 64	29 08
8 »	30 75	31 25	31 74	32 24	32 74	33 23
9 »	34 60	35 15	35 71	36 27	36 83	37 39
10 »	38 44	39 06	39 68	40 30	40 92	41 54
11 »	42 28	42 97	43 65	44 33	45 01	45 69
12 »	46 13	46 87	47 62	48 36	49 10	49 85

LONGUEURS	63	64	65	66	67	68
0 05	0 20	0 20	0 20	0 21	0 21	0 21
0 10	0 40	0 40	0 41	0 42	0 42	0 43
0 15	0 59	0 60	0 61	0 62	0 63	0 64
0 20	0 79	0 81	0 82	0 83	0 84	0 86
0 25	0 99	1 01	1 02	1 04	1 06	1 07
0 30	1 19	1 21	1 23	1 25	1 27	1 29
0 35	1 39	1 41	1 43	1 46	1 48	1 50
0 40	1 59	1 61	1 64	1 66	1 69	1 71
0 45	1 79	1 81	1 84	1 87	1 90	1 93
0 50	1 98	2 02	2 05	2 08	2 11	2 14
0 55	2 18	2 22	2 25	2 29	2 32	2 36
0 60	2 38	2 42	2 46	2 49	2 53	2 57
0 65	2 58	2 62	2 66	2 70	2 74	2 78
0 70	2 78	2 82	2 87	2 91	2 95	3 »
0 75	2 98	3 02	3 07	3 12	3 17	3 21
0 80	3 18	3 23	3 28	3 33	3 38	3 43
0 85	3 37	3 43	3 48	3 53	3 59	3 64
0 90	3 57	3 63	3 69	3 74	3 80	3 86
0 95	3 77	3 83	3 89	3 95	4 01	4 07
1 »	3 97	4 03	4 09	4 16	4 22	4 28
2 »	7 94	8 06	8 19	8 32	8 44	8 57
3 »	11 90	12 10	12 28	12 47	12 66	12 85
4 »	15 88	16 13	16 38	16 63	16 88	17 13
5 »	19 84	20 16	20 47	20 79	21 10	21 42
6 »	23 81	24 19	24 57	24 95	25 33	25 70
7 »	27 78	28 22	28 66	29 11	29 55	29 99
8 »	31 75	32 26	32 76	33 26	33 77	34 27
9 »	35 72	36 29	36 85	37 42	37 99	38 56
10 »	39 69	40 32	40 95	41 58	42 21	42 84
11 »	43 66	44 35	45 04	45 74	46 43	47 12
12 »	47 63	48 38	49 14	50 90	50 65	51 41

LONGUEURS.	64	65	66	67	68	69
0 05	0 20	0 21	0 21	0 21	0 22	0 22
0 10	0 41	0 42	0 42	0 43	0 44	0 44
0 15	0 61	0 62	0 63	0 64	0 65	0 66
0 20	0 82	0 83	0 84	0 86	0 87	0 88
0 25	1 02	1 04	1 06	1 07	1 09	1 10
0 30	1 23	1 25	1 27	1 29	1 31	1 33
0 35	1 43	1 46	1 48	1 50	1 52	1 55
0 40	1 64	1 66	1 69	1 72	1 74	1 77
0 45	1 84	1 87	1 90	1 93	1 96	1 99
0 50	2 05	2 08	2 11	2 14	2 18	2 21
0 55	2 25	2 29	2 32	2 36	2 39	2 43
0 60	2 46	2 50	2 53	2 57	2 61	2 65
0 65	2 66	2 70	2 75	2 79	2 83	2 87
0 70	2 87	2 91	2 96	3 »	3 04	3 09
0 75	3 07	3 12	3 17	3 22	3 26	3 31
0 80	3 28	3 33	3 38	3 43	3 48	3 53
0 85	3 48	3 54	3 59	3 64	3 70	3 75
0 90	3 69	3 74	3 80	3 86	3 92	3 97
0 95	3 87	3 95	4 01	4 07	4 13	4 19
1 »	4 10	4 16	4 22	4 29	4 35	4 42
2 »	8 19	8 32	8 45	8 58	8 70	8 83
3 »	12 29	12 48	12 67	12 86	13 06	13 25
4 »	16 38	16 64	16 89	17 15	17 41	17 66
5 »	20 48	20 80	21 12	21 44	21 76	22 08
6 »	24 58	24 96	25 34	25 73	26 11	26 50
7 »	28 67	29 12	29 57	30 02	30 46	30 91
8 »	32 77	33 28	33 79	34 30	34 82	35 33
9 »	36 86	37 44	38 01	38 59	39 17	39 74
10 »	40 96	41 60	42 24	42 88	43 52	44 16
11 »	45 06	45 76	46 46	47 17	47 87	48 58
12 »	49 15	49 92	50 69	51 46	52 22	52 99

LONGUEURS.	65	66	67	68	69	70
0 05	0 21	0 21	0 22	0 22	0 22	0 23
0 10	0 42	0 43	0 44	0 44	0 45	0 45
0 15	0 63	0 64	0 66	0 66	0 67	0 68
0 20	0 84	0 86	0 87	0 88	0 90	0 91
0 25	1 06	1 07	1 09	1 10	1 12	1 14
0 30	1 27	1 29	1 31	1 33	1 35	1 36
0 35	1 48	1 50	1 52	1 55	1 57	1 58
0 40	1 69	1 72	1 74	1 77	1 79	1 82
0 45	1 90	1 93	1 96	1 99	2 02	2 05
0 50	2 11	2 14	2 18	2 21	2 24	2 27
0 55	2 32	2 36	2 40	2 43	2 47	2 51
0 60	2 53	2 57	2 61	2 65	2 69	2 73
0 65	2 75	2 79	2 83	2 87	2 92	2 96
0 70	2 96	3 »	3 05	3 09	3 14	3 18
0 75	3 17	3 22	3 27	3 31	3 36	3 41
0 80	3 38	3 43	3 48	3 54	3 59	3 64
0 85	3 59	3 65	3 70	3 76	3 81	3 87
0 90	3 80	3 86	3 92	3 98	4 04	4 09
0 95	4 01	4 08	4 14	4 20	4 26	4 32
1 »	4 22	4 29	4 35	4 42	4 48	4 55
2 »	8 45	8 58	8 71	8 84	8 97	9 10
3 »	12 67	12 87	13 06	13 26	13 45	13 65
4 »	16 90	17 16	17 42	17 68	17 94	18 20
5 »	21 12	21 45	21 77	22 10	22 42	22 75
6 »	25 35	25 74	26 13	26 52	26 91	27 30
7 »	29 57	30 03	30 48	30 94	31 39	31 85
8 »	33 80	34 32	34 84	35 36	35 88	36 40
9 »	38 02	38 61	39 19	39 78	40 36	40 95
10 »	42 25	42 90	43 55	44 20	44 85	45 50
11 »	46 47	47 19	47 90	48 62	49 33	50 05
12 »	50 70	51 48	52 26	53 04	53 82	54 60

LONGUEURS	66	67	68	69	70	71
0 05	0 22	0 22	0 22	0 23	0 23	0 23
0 10	0 44	0 44	0 45	0 46	0 46	0 47
0 15	0 65	0 66	0 67	0 68	0 69	0 70
0 20	0 87	0 88	0 90	0 91	0 92	0 94
0 25	1 09	1 11	1 12	1 14	1 16	1 17
0 30	1 31	1 33	1 35	1 37	1 39	1 41
0 35	1 52	1 55	1 57	1 59	1 62	1 64
0 40	1 74	1 77	1 80	1 82	1 85	1 87
0 45	1 92	1 99	2 02	2 05	2 08	2 11
0 50	2 18	2 21	2 24	2 28	2 31	2 34
0 55	2 40	2 43	2 47	2 50	2 54	2 58
0 60	2 61	2 65	2 69	2 73	2 77	2 81
0 65	2 83	2 87	2 92	2 96	3 »	3 04
0 70	3 05	3 10	3 14	3 19	3 23	3 28
0 75	3 27	3 32	3 37	3 42	3 46	3 51
0 80	3 48	3 54	3 59	3 64	3 70	3 75
0 85	3 70	3 76	3 81	3 87	3 93	3 98
0 90	3 92	3 98	4 04	4 10	4 16	4 22
0 95	4 14	4 20	4 26	4 33	4 39	4 45
1 »	4 36	4 42	4 49	4 55	4 62	4 69
2 »	8 71	8 84	8 98	9 11	9 24	9 37
3 »	13 07	13 27	13 46	13 66	13 86	14 06
4 »	17 42	17 69	17 95	18 22	18 48	18 74
5 »	21 78	22 11	22 44	22 77	23 10	23 43
6 »	26 13	26 53	26 93	27 32	27 72	28 12
7 »	30 49	30 95	31 42	31 88	32 34	32 80
8 »	34 85	35 38	35 90	36 43	36 96	37 49
9 »	39 20	39 80	40 39	40 99	41 58	42 17
10 »	43 56	44 22	44 88	45 54	46 20	46 86
11 »	47 92	48 64	49 37	50 09	50 82	51 55
12 »	52 27	53 06	53 86	54 65	55 44	56 23

LONGUEURS.	67	68	69	70	71	72
0 05	0 22	0 23	0 23	0 23	0 24	0 24
0 10	0 45	0 46	0 46	0 47	0 48	0 48
0 15	0 67	0 68	0 69	0 70	0 71	0 72
0 20	0 90	0 91	0 92	0 94	0 95	0 96
0 25	1 12	1 14	1 16	1 17	1 19	1 21
0 30	1 35	1 37	1 39	1 41	1 43	1 45
0 35	1 57	1 59	1 62	1 64	1 66	1 69
0 40	1 79	1 82	1 85	1 88	1 90	1 93
0 45	2 02	2 05	2 08	2 11	2 14	2 17
0 50	2 24	2 28	2 31	2 34	2 38	2 41
0 55	2 47	2 51	2 54	2 58	2 62	2 65
0 60	2 69	2 73	2 77	2 81	2 85	2 89
0 65	2 92	2 96	3 »	3 05	3 09	3 14
0 70	3 14	3 19	3 24	3 28	3 33	3 38
0 75	3 37	3 42	3 47	3 52	3 57	3 62
0 80	3 59	3 64	3 70	3 75	3 81	3 86
0 85	3 82	3 87	3 93	3 99	4 04	4 10
0 90	4 04	4 10	4 16	4 22	4 28	4 34
0 95	4 26	4 33	4 39	4 46	4 52	4 58
1 »	4 49	4 56	4 62	4 69	4 76	4 82
2 »	8 98	9 11	9 25	9 38	9 51	9 65
3 »	13 47	13 67	13 87	14 07	14 27	14 47
4 »	17 95	18 22	18 49	18 76	19 03	19 30
5 »	22 44	22 78	23 11	23 45	23 78	24 12
6 »	26 93	27 34	27 73	28 14	28 54	28 94
7 »	31 42	31 89	32 36	32 83	33 30	33 77
8 »	35 91	36 45	36 98	37 52	38 06	38 59
9 »	40 40	41 »	41 61	42 21	42 81	43 42
10 »	44 89	45 56	46 23	46 90	47 57	48 24
11 »	49 38	50 12	50 85	51 59	52 33	53 06
12 »	53 87	54 67	55 48	56 28	57 08	57 89

LONGUEURS.	68	69	70	71	72	73
0 05	0 23	0 23	0 24	0 24	0 24	0 25
0 10	0 46	0 47	0 48	0 48	0 49	0 50
0 15	0 69	0 70	0 71	0 72	0 73	0 74
0 20	0 92	0 94	0 95	0 97	0 98	0 99
0 25	1 16	1 17	1 19	1 21	1 22	1 24
0 30	1 39	1 41	1 43	1 45	1 47	1 49
0 35	1 62	1 64	1 67	1 69	1 71	1 74
0 40	1 85	1 88	1 90	1 93	1 96	1 99
0 45	2 08	2 11	2 14	2 17	2 20	2 23
0 50	2 31	2 35	2 38	2 41	2 45	2 48
0 55	2 54	2 58	2 62	2 66	2 69	2 73
0 60	2 77	2 82	2 86	2 90	2 94	2 98
0 65	3 »	3 05	3 09	3 14	3 18	3 23
0 70	3 24	3 28	3 33	3 38	3 43	3 47
0 75	3 47	3 52	3 57	3 62	3 67	3 72
0 80	3 70	3 75	3 81	3 86	3 92	3 97
0 85	3 93	3 99	4 05	4 10	4 16	4 22
0 90	4 16	4 22	4 28	4 35	4 41	4 47
0 95	4 39	4 46	4 52	4 59	4 65	4 72
1 »	4 62	4 69	4 76	4 83	4 90	4 96
2 »	9 25	9 38	9 52	9 66	9 79	9 93
3 »	13 87	14 08	14 28	14 48	14 69	14 89
4 »	18 50	18 77	19 04	19 31	19 58	19 86
5 »	23 12	23 46	23 80	24 14	24 48	24 82
6 »	27 74	28 15	28 56	28 96	29 38	29 78
7 »	32 37	32 84	33 32	33 80	34 27	34 75
8 »	36 99	37 54	38 08	38 62	39 17	39 71
9 »	41 62	42 23	42 84	43 45	44 06	44 68
10 »	46 24	46 92	47 60	48 28	48 96	49 64
11 »	50 86	51 61	52 36	53 11	53 86	54 60
12 »	55 49	56 30	57 12	57 94	58 75	59 57

LONGUEURS.	69	70	71	72	73	74
0 05	0 24	0 24	0 24	0 25	0 25	0 25
0 10	0 48	0 48	0 49	0 50	0 50	0 51
0 15	0 71	0 72	0 73	0 75	0 76	0 77
0 20	0 95	0 97	0 98	0 99	1 01	1 02
0 25	1 19	1 21	1 22	1 24	1 26	1 28
0 30	1 43	1 45	1 47	1 49	1 51	1 53
0 35	1 67	1 69	1 71	1 74	1 76	1 79
0 40	1 90	1 93	1 96	1 99	2 01	2 04
0 45	2 14	2 17	2 20	2 24	2 26	2 30
0 50	2 38	2 41	2 45	2 48	2 52	2 55
0 55	2 62	2 66	2 69	2 73	2 77	2 81
0 60	2 85	2 90	2 94	2 98	3 02	3 06
0 65	3 09	3 14	3 18	3 23	3 27	3 32
0 70	3 33	3 38	3 43	3 48	3 53	3 57
0 75	3 57	3 62	3 67	3 73	3 78	3 83
0 80	3 81	3 86	3 92	3 97	4 03	4 08
0 85	4 05	4 11	4 16	4 22	4 28	4 34
0 90	4 28	4 35	4 41	4 47	4 53	4 60
0 95	4 52	4 59	4 65	4 72	4 78	4 85
1 »	4 76	4 83	4 90	4 97	5 04	5 11
2 »	9 52	9 66	9 80	9 94	10 07	10 21
3 »	14 28	14 49	14 70	14 90	15 11	15 32
4 »	19 04	19 32	19 60	19 87	20 14	20 42
5 »	23 80	24 15	24 49	24 84	25 18	25 53
6 »	28 57	28 98	29 39	29 81	30 22	30 64
7 »	33 33	33 81	34 29	34 78	35 26	35 74
8 »	38 09	38 64	39 19	39 74	40 30	40 85
9 »	42 85	43 47	44 09	44 71	45 29	45 95
10 »	47 61	48 30	48 99	49 68	50 37	51 06
11 »	52 37	53 13	53 89	54 65	55 41	56 17
12 »	57 13	57 96	58 79	59 62	60 44	61 27

LONGUEURS.	70	71	72	73	74	75
0 05	0 24	0 25	0 25	0 26	0 26	0 26
0 10	0 49	0 50	0 50	0 51	0 52	0 52
0 15	0 73	0 75	0 76	0 77	0 78	0 79
0 20	0 98	0 99	1 01	1 02	1 04	1 05
0 25	1 22	1 24	1 26	1 28	1 29	1 31
0 30	1 47	1 49	1 51	1 53	1 55	1 57
0 35	1 71	1 74	1 76	1 79	1 81	1 84
0 40	1 96	1 99	2 02	2 04	2 07	2 10
0 45	2 20	2 24	2 27	2 30	2 33	2 36
0 50	2 45	2 48	2 52	2 55	2 59	2 62
0 55	2 69	2 73	2 77	2 81	2 85	2 89
0 60	2 94	2 98	3 02	3 07	3 11	3 15
0 65	3 18	3 23	3 28	3 32	3 37	3 41
0 70	3 43	3 48	3 53	3 58	3 63	3 67
0 75	3 67	3 73	3 78	3 83	3 88	3 94
0 80	3 92	3 98	4 03	4 09	4 14	4 20
0 85	4 16	4 22	4 28	4 34	4 40	4 46
0 90	4 41	4 47	4 54	4 60	4 66	4 72
0 95	4 65	4 72	4 79	4 85	4 92	4 99
1 »	4 90	4 97	5 04	5 11	5 18	5 25
2 »	9 80	9 94	10 08	10 22	10 36	10 50
3 »	14 70	14 91	15 12	15 33	15 54	15 75
4 »	19 60	19 88	20 16	20 44	20 72	21 »
5 »	24 50	24 85	25 20	25 55	25 90	26 25
6 »	29 40	29 82	30 24	30 66	31 08	31 50
7 »	34 30	34 79	35 28	35 77	36 26	36 75
8 »	39 20	39 76	40 32	40 88	41 44	42 »
9 »	44 10	44 73	45 36	45 99	46 62	47 25
10 »	49 »	49 70	50 40	51 10	51 80	52 50
11 »	53 90	54 67	55 44	56 21	56 98	57 75
12 »	58 80	59 64	60 48	61 32	62 16	63 »

LONGUEURS.	71	72	73	74	75	76
0 05	0 25	0 26	0 26	0 26	0 27	0 27
0 10	0 50	0 51	0 52	0 53	0 53	0 54
0 15	0 76	0 77	0 78	0 79	0 80	0 81
0 20	1 01	1 02	1 04	1 05	1 06	1 08
0 25	1 26	1 28	1 30	1 31	1 33	1 35
0 30	1 51	1 53	1 56	1 58	1 60	1 62
0 35	1 76	1 79	1 81	1 84	1 86	1 89
0 40	2 02	2 04	2 07	2 10	2 13	2 16
0 45	2 27	2 30	2 33	2 36	2 40	2 43
0 50	2 52	2 56	2 59	2 63	2 66	2 70
0 55	2 77	2 81	2 85	2 89	2 93	2 97
0 60	3 02	3 07	3 11	3 15	3 19	3 24
0 65	3 28	3 32	3 37	3 41	3 46	3 51
0 70	3 53	3 58	3 63	3 68	3 73	3 78
0 75	3 78	3 83	3 89	3 94	3 99	4 05
0 80	4 03	4 09	4 15	4 20	4 26	4 32
0 85	4 28	4 35	4 41	4 47	4 53	4 59
0 90	4 54	4 60	4 66	4 73	4 79	4 86
0 95	4 79	4 86	4 92	4 99	5 06	5 13
1 »	5 04	5 11	5 18	5 25	5 32	5 40
2 »	10 08	10 22	10 37	10 51	10 65	10 79
3 »	15 12	15 34	15 55	15 76	15 97	16 19
4 »	20 16	20 44	20 73	21 02	21 30	21 58
5 »	25 20	25 56	25 91	26 27	26 62	26 98
6 »	30 25	30 67	31 10	31 52	31 95	32 38
7 »	35 29	35 78	36 26	36 78	37 27	37 77
8 »	40 33	40 90	41 46	42 03	42 60	43 17
9 »	45 37	46 01	46 65	47 29	47 92	48 56
10 »	50 41	51 12	51 83	52 54	53 25	53 96
11 »	55 45	56 23	57 01	57 79	58 57	59 36
12 »	60 49	61 34	62 20	63 05	63 90	64 75

LONGUEURS.	72	73	74	75	76	77
0 05	0 26	0 26	0 27	0 27	0 27	0 28
0 10	0 52	0 53	0 53	0 54	0 55	0 55
0 15	0 78	0 79	0 80	0 81	0 82	0 83
0 20	1 04	1 05	1 07	1 08	1 09	1 11
0 25	1 30	1 31	1 33	1 35	1 37	1 39
0 30	1 56	1 58	1 60	1 62	1 64	1 66
0 35	1 81	1 84	1 86	1 89	1 92	1 94
0 40	2 07	2 10	2 13	2 16	2 19	2 22
0 45	2 33	2 37	2 40	2 43	2 46	2 49
0 50	2 59	2 63	2 66	2 70	2 74	2 77
0 55	2 85	2 89	2 93	2 97	3 01	3 05
0 60	3 11	3 15	3 20	3 24	3 28	3 33
0 65	3 37	3 42	3 46	3 51	3 56	3 60
0 70	3 63	3 68	3 73	3 78	3 83	3 88
0 75	3 89	3 94	4 »	4 05	4 10	4 16
0 80	4 15	4 20	4 26	4 32	4 38	4 44
0 85	4 41	4 47	4 53	4 59	4 65	4 71
0 90	4 67	4 73	4 80	4 86	4 92	4 99
0 95	4 93	4 99	5 06	5 13	5 20	5 27
1 »	5 18	5 27	5 33	5 40	5 47	5 54
2 »	10 37	10 51	10 66	10 80	10 94	11 09
3 »	15 55	15 77	15 98	16 20	16 42	16 63
4 »	20 74	21 02	21 31	21 60	21 89	22 19
5 »	25 92	26 28	26 64	27 »	27 36	27 72
6 »	31 10	31 54	31 97	32 40	32 83	33 26
7 »	36 29	36 79	37 30	37 80	38 30	38 81
8 »	41 47	42 05	42 62	43 20	43 78	44 35
9 »	46 66	47 30	47 96	48 60	49 25	49 90
10 »	51 84	52 56	53 28	54 »	54 72	55 44
11 »	57 02	57 83	58 61	59 40	60 19	60 98
12 »	62 21	63 07	63 94	64 80	65 66	66 53

LONGUEURS.	73	74	75	76	77	78
0 05	0 27	0 27	0 27	0 28	0 28	0 28
0 10	0 53	0 54	0 55	0 55	0 56	0 57
0 15	0 80	0 81	0 82	0 83	0 84	0 85
0 20	1 07	1 08	1 08	1 11	1 12	1 14
0 25	1 33	1 35	1 37	1 39	1 46	1 47
0 30	1 60	1 62	1 64	1 66	1 69	1 71
0 35	1 87	1 89	1 92	1 94	1 97	1 99
0 40	2 13	2 16	2 19	2 22	2 25	2 28
0 45	2 40	2 43	2 46	2 50	2 53	2 56
0 50	2 66	2 70	2 74	2 77	2 81	2 85
0 55	2 93	2 97	3 01	3 05	3 09	3 13
0 60	3 20	3 24	3 29	3 33	3 37	3 42
0 65	3 46	3 51	3 56	3 61	3 66	3 70
0 70	3 73	3 78	3 83	3 88	3 93	3 98
0 75	4 »	4 05	4 11	4 16	4 22	4 27
0 80	4 26	4 32	4 38	4 44	4 50	4 56
0 85	4 53	4 59	4 65	4 72	4 78	4 84
0 90	4 80	4 86	4 93	4 99	5 06	5 12
0 95	5 06	5 13	5 20	5 27	5 34	5 41
1 »	5 33	5 40	5 47	5 55	5 62	5 69
2 »	10 66	10 80	10 95	11 10	11 24	11 39
3 »	15 98	16 21	16 42	16 64	16 86	17 08
4 »	21 32	21 61	21 90	22 19	22 48	22 78
5 »	26 64	27 01	27 37	27 74	28 10	28 47
6 »	31 97	32 41	32 85	33 29	33 73	34 16
7 »	37 30	37 81	38 32	38 84	39 35	39 86
8 »	42 63	43 22	43 80	44 38	44 97	45 55
9 »	47 96	48 62	49 27	49 93	50 59	51 25
10 »	53 29	54 02	54 75	55 48	56 21	56 94
11 »	58 62	59 42	60 22	61 03	61 83	62 63
12 »	63 95	64 82	65 70	66 58	67 45	68 33

LONGUEURS.	74	75	76	77	78	79
0 05	0 27	0 27	0 28	0 28	0 29	0 29
0 10	0 55	0 55	0 56	0 57	0 58	0 58
0 15	0 82	0 83	0 84	0 85	0 87	0 88
0 20	1 10	1 11	1 12	1 14	1 15	1 17
0 25	1 37	1 39	1 41	1 42	1 44	1 46
0 30	1 64	1 66	1 69	1 71	1 73	1 75
0 35	1 92	1 94	1 97	1 99	2 02	2 05
0 40	2 19	2 22	2 25	2 28	2 31	2 34
0 45	2 46	2 50	2 53	2 56	2 60	2 63
0 50	2 74	2 77	2 81	2 85	2 89	2 92
0 55	3 01	3 05	3 09	3 13	3 17	3 22
0 60	3 29	3 33	3 37	3 42	3 46	3 51
0 65	3 56	3 61	3 66	3 70	3 75	3 80
0 70	3 83	3 88	3 94	3 99	4 04	4 09
0 75	4 11	4 16	4 22	4 27	4 33	4 38
0 80	4 38	4 44	4 50	4 56	4 62	4 68
0 85	4 65	4 72	4 78	4 84	4 91	4 97
0 90	4 93	4 99	5 06	5 13	5 19	5 26
0 95	5 20	5 27	5 34	5 41	5 48	5 55
1 »	5 48	5 55	5 62	5 70	5 77	5 85
2 »	10 95	11 10	11 25	11 40	11 54	11 69
3 »	16 43	16 65	16 87	17 09	17 32	17 54
4 »	21 90	22 20	22 50	22 79	23 09	23 38
5 »	27 38	27 75	28 12	28 49	28 86	29 23
6 »	32 86	33 30	33 74	34 19	34 63	35 08
7 »	38 33	38 85	39 37	39 89	40 40	40 92
8 »	43 81	44 40	44 99	45 58	46 18	46 77
9 »	49 28	49 95	50 62	51 28	51 95	52 61
10 »	54 76	55 50	56 24	56 98	57 72	58 46
11 »	60 24	61 05	61 86	62 68	63 49	64 31
12 »	65 71	66 60	67 49	68 38	69 26	70 15

LONGUEURS.	75	76	77	78	79	80
0 05	0 28	0 28	0 29	0 29	0 30	0 30
0 10	0 56	0 57	0 58	0 58	0 59	0 60
0 15	0 84	0 85	0 87	0 88	0 89	0 90
0 20	1 12	1 14	1 15	1 17	1 18	1 20
0 25	1 41	1 42	1 44	1 46	1 48	1 50
0 30	1 69	1 71	1 73	1 75	1 78	1 80
0 35	1 97	1 99	2 02	2 05	2 07	2 10
0 40	2 25	2 28	2 31	2 34	2 37	2 40
0 45	2 53	2 56	2 60	2 63	2 67	2 70
0 50	2 81	2 85	2 89	2 92	2 96	3 »
0 55	3 09	3 13	3 18	3 22	3 26	3 30
0 60	3 37	3 42	3 46	3 51	3 55	3 60
0 65	3 66	3 70	3 75	3 80	3 85	3 90
0 70	3 94	3 99	4 04	4 09	4 15	4 20
0 75	4 22	4 27	4 33	4 39	4 44	4 50
0 80	4 50	4 56	4 62	4 68	4 74	4 80
0 85	4 78	4 84	4 91	4 97	5 04	5 10
0 90	5 06	5 13	5 20	5 26	5 33	5 40
0 95	5 34	5 41	5 49	5 56	5 63	5 70
1 »	5 62	5 70	5 77	5 85	5 92	6 »
2 »	11 25	11 40	11 55	11 70	11 85	12 »
3 »	16 87	17 10	17 32	17 55	17 77	18 »
4 »	22 50	22 80	23 10	23 40	23 70	24 »
5 »	28 12	28 50	28 87	29 25	29 62	30 »
6 »	33 75	34 20	34 65	35 10	35 55	36 »
7 »	39 37	39 90	40 42	40 95	41 47	42 »
8 »	45 »	45 60	46 20	46 80	47 40	48 »
9 »	50 62	51 30	51 97	52 65	53 32	54 »
10 »	56 25	57 »	57 75	58 50	59 25	60 »
11 »	61 87	62 70	63 52	64 35	65 47	66 »
12 »	67 50	68 40	69 30	70 20	71 10	72 »

LONGUEURS.	76	77	78	79	80	81
0 05	0 29	0 29	0 30	0 30	0 30	0 31
0 10	0 58	0 59	0 59	0 60	0 61	0 62
0 15	0 87	0 88	0 89	0 90	0 91	0 92
0 20	1 16	1 17	1 19	1 20	1 22	1 23
0 25	1 44	1 46	1 48	1 50	1 52	1 54
0 30	1 73	1 76	1 78	1 80	1 82	1 85
0 35	2 02	2 05	2 07	2 10	2 13	2 15
0 40	2 31	2 34	2 37	2 40	2 43	2 46
0 45	2 60	2 63	2 67	2 70	2 74	2 77
0 50	2 89	2 93	2 96	3 »	3 04	3 08
0 55	3 18	3 22	3 26	3 30	3 34	3 39
0 60	3 47	3 51	3 56	3 60	3 65	3 69
0 65	3 75	3 80	3 85	3 90	3 95	4 »
0 70	4 04	4 10	4 15	4 20	4 26	4 31
0 75	4 33	4 39	4 45	4 50	4 56	4 62
0 80	4 62	4 68	4 74	4 80	4 86	4 92
0 85	4 91	4 97	5 04	5 10	5 17	5 23
0 90	5 20	5 27	5 34	5 40	5 47	5 54
0 95	5 49	5 56	5 63	5 70	5 78	5 85
1 »	5 78	5 85	5 93	6 »	6 08	6 16
2 »	11 55	11 70	11 86	12 01	12 16	12 31
3 »	17 33	17 56	17 78	18 01	18 24	18 47
4 »	23 10	23 41	23 71	24 02	24 32	24 62
5 »	28 88	29 26	29 64	30 02	30 40	30 78
6 »	34 66	35 11	35 57	36 02	36 48	36 94
7 »	40 43	40 96	41 50	42 03	42 56	43 09
8 »	46 21	46 82	47 42	48 03	48 64	49 25
9 »	51 98	52 67	53 35	54 04	54 72	55 40
10 »	57 76	58 52	59 28	60 04	60 80	61 56
11 »	63 54	64 37	65 21	66 04	66 88	67 72
12 »	69 31	70 22	71 14	72 05	73 96	74 87

LONGUEURS.	77	78	79	80	81	82
0 05	0 30	0 30	0 30	0 31	0 31	0 32
0 10	0 59	0 60	0 61	0 62	0 62	0 63
0 15	0 89	0 90	0 91	0 92	0 94	0 95
0 20	1 19	1 20	1 22	1 23	1 25	1 26
0 25	1 48	1 50	1 52	1 54	1 56	1 58
0 30	1 78	1 80	1 82	1 85	1 87	1 89
0 35	2 08	2 10	2 13	2 16	2 18	2 21
0 40	2 37	2 40	2 43	2 46	2 49	2 53
0 45	2 67	2 70	2 74	2 77	2 81	2 84
0 50	2 96	3 »	3 04	3 08	3 12	3 16
0 55	3 26	3 30	3 35	3 39	3 43	3 47
0 60	3 56	3 60	3 65	3 70	3 74	3 79
0 65	3 85	3 90	3 95	4 »	4 05	4 10
0 70	4 15	4 20	4 26	4 31	4 37	4 42
0 75	4 45	4 50	4 56	4 62	4 68	4 74
0 80	4 74	4 80	4 87	4 93	4 99	5 05
0 85	5 04	5 11	5 17	5 24	5 30	5 37
0 90	5 34	5 41	5 47	5 54	5 61	5 68
0 95	5 63	5 71	5 78	5 85	5 92	6 »
1 »	5 93	6 01	6 08	6 16	6 24	6 31
2 »	11 86	12 01	12 17	12 32	12 47	12 63
3 »	17 79	18 02	18 25	18 48	18 71	18 94
4 »	23 72	24 02	24 33	24 64	24 95	25 26
5 »	29 64	30 03	30 41	30 80	31 18	31 57
6 »	35 57	36 04	36 50	36 96	37 42	37 88
7 »	41 50	42 04	42 58	43 12	43 66	44 20
8 »	47 43	48 05	48 66	49 28	49 90	50 51
9 »	53 36	54 05	54 75	55 44	56 13	56 83
10 »	59 29	60 06	60 83	61 60	62 37	63 14
11 »	65 22	66 07	66 91	67 76	68 61	69 45
12 »	71 15	72 07	73 »	73 92	74 84	75 77

LONGUEURS.	78	79	80	81	82	83
0 05	0 30	0 31	0 31	0 32	0 32	0 32
0 10	0 61	0 62	0 62	0 63	0 64	0 65
0 15	0 91	0 92	0 94	0 95	0 96	0 97
0 20	1 22	1 23	1 25	1 26	1 28	1 29
0 25	1 52	1 54	1 56	1 58	1 60	1 62
0 30	1 83	1 85	1 87	1 90	1 92	1 94
0 35	2 13	2 16	2 18	2 21	2 24	2 27
0 40	2 43	2 46	2 50	2 53	2 56	2 59
0 45	2 74	2 77	2 81	2 84	2 88	2 91
0 50	3 04	3 08	3 12	3 16	3 20	3 24
0 55	3 35	3 39	3 43	3 47	3 52	3 56
0 60	3 65	3 70	3 74	3 79	3 84	3 88
0 65	3 95	4 01	4 06	4 11	4 16	4 21
0 70	4 26	4 31	4 37	4 42	4 48	4 53
0 75	4 56	4 62	4 68	4 74	4 80	4 86
0 80	4 87	4 93	4 99	5 05	5 12	5 18
0 85	5 17	5 24	5 30	5 37	5 44	5 50
0 90	5 48	5 55	5 62	5 69	5 76	5 83
0 95	5 78	5 85	5 93	6 »	6 08	6 15
1 »	6 08	6 16	6 24	6 32	6 40	6 47
2 »	12 17	12 32	12 48	12 64	12 79	12 95
3 »	18 25	18 49	18 72	18 95	19 19	19 42
4 »	24 34	24 65	24 96	25 27	25 58	25 90
5 »	30 42	30 81	31 20	31 59	31 98	32 37
6 »	36 50	36 97	37 44	37 91	38 38	38 84
7 »	42 59	43 13	43 68	44 23	44 77	45 32
8 »	48 67	49 30	49 92	50 54	51 17	51 79
9 »	54 76	55 46	56 16	56 86	57 56	58 27
10 »	60 84	61 62	62 40	63 18	63 96	64 74
11 »	66 92	67 78	68 64	69 50	70 36	71 21
12 »	73 01	73 94	74 88	75 82	76 75	77 69

LONGUEURS	79	80	81	82	83	84
0 05	0 31	0 32	0 32	0 32	0 33	0 33
0 10	0 62	0 63	0 64	0 65	0 66	0 66
0 15	0 94	0 95	0 96	0 97	0 98	1 »
0 20	1 25	1 26	1 28	1 30	1 31	1 33
0 25	1 56	1 58	1 60	1 62	1 64	1 66
0 30	1 87	1 90	1 92	1 94	1 97	1 99
0 35	2 18	2 21	2 24	2 27	2 29	2 32
0 40	2 50	2 53	2 56	2 59	2 62	2 65
0 45	2 81	2 84	2 88	2 92	2 95	2 98
0 50	3 12	3 16	3 20	3 24	3 28	3 32
0 55	3 43	3 48	3 52	3 56	3 61	3 65
0 60	3 74	3 79	3 84	3 89	3 93	3 98
0 65	4 06	4 11	4 16	4 21	4 26	4 31
0 70	4 37	4 42	4 48	4 53	4 59	4 65
0 75	4 68	4 74	4 80	4 86	4 92	4 98
0 80	4 99	5 06	5 12	5 18	5 25	5 31
0 85	5 30	5 37	5 44	5 51	5 58	5 64
0 90	5 62	5 69	5 76	5 83	5 91	5 97
0 95	5 93	6 »	6 08	6 15	6 23	6 30
1 »	6 24	6 32	6 40	6 48	6 56	6 64
2 »	12 48	12 64	12 80	12 96	13 11	13 27
3 »	18 72	18 96	19 20	19 43	19 67	19 91
4 »	24 96	25 28	25 60	25 91	26 23	26 54
5 »	31 20	31 60	31 99	32 39	32 78	33 18
6 »	37 45	37 92	38 39	38 87	39 34	39 82
7 »	43 69	44 24	44 79	45 35	45 90	46 45
8 »	49 93	50 56	51 19	51 82	52 46	53 09
9 »	56 17	56 88	57 59	58 30	59 01	59 72
10 »	62 41	63 20	63 99	64 78	65 57	66 36
11 »	68 65	69 52	70 39	71 26	72 13	73 »
12 »	74 89	75 84	76 79	77 74	78 68	79 63

LONGUEURS.	80	81	82	83	84	85
0 05	0 32	0 32	0 33	0 33	0 34	0 34
0 10	0 64	0 65	0 66	0 66	0 67	0 68
0 15	0 96	0 97	0 98	1 »	1 01	1 02
0 20	1 28	1 30	1 31	1 33	1 34	1 36
0 25	1 60	1 62	1 64	1 66	1 68	1 70
0 30	1 92	1 94	1 97	1 99	2 02	2 04
0 35	2 24	2 27	2 30	2 32	2 35	2 38
0 40	2 56	2 59	2 62	2 66	2 69	2 72
0 45	2 88	2 92	2 95	2 99	3 02	3 06
0 50	3 20	3 24	3 28	3 32	3 36	3 40
0 55	3 52	3 56	3 61	3 65	3 70	3 74
0 60	3 84	3 89	3 94	3 98	4 03	4 08
0 65	4 16	4 21	4 26	4 32	4 37	4 42
0 70	4 48	4 54	4 59	4 65	4 70	4 76
0 75	4 80	4 86	4 92	4 98	5 04	5 10
0 80	5 12	5 18	5 25	5 31	5 38	5 44
0 85	5 44	5 51	5 58	5 64	5 71	5 78
0 90	5 76	5 83	5 90	5 98	6 05	6 12
0 95	6 08	6 16	6 23	6 31	6 38	6 44
1 »	6 40	6 48	6 56	6 64	6 72	6 80
2 »	12 80	12 96	13 12	13 28	13 44	13 60
3 »	19 20	19 44	19 68	19 92	20 16	20 40
4 »	25 60	25 92	26 24	26 56	26 88	27 20
5 »	32 »	32 40	32 80	33 20	33 60	34 »
6 »	38 40	38 88	39 36	39 84	40 32	40 80
7 »	44 80	45 36	45 92	46 48	47 04	47 60
8 »	51 20	51 84	52 48	53 12	53 76	54 40
9 »	57 60	58 32	59 04	59 76	60 48	61 20
10 »	64 »	64 80	65 60	66 40	67 20	68 »
11 »	70 40	71 28	72 16	73 04	73 92	74 80
12 »	76 80	77 76	78 72	79 68	80 64	81 60

BOIS RONDS

Au cube géométrique

LONGUEURS.	50	51	52	53	54	55
0 05	0 01	0 01	0 01	0 01	0 01	0 01
0 10	0 02	0 02	0 02	0 02	0 02	0 02
0 15	0 03	0 03	0 03	0 03	0 03	0 04
0 20	0 04	0 04	0 04	0 04	0 05	0 05
0 25	0 05	0 05	0 05	0 06	0 06	0 06
0 30	0 06	0 06	0 06	0 07	0 07	0 07
0 35	0 07	0 07	0 07	0 08	0 08	0 08
0 40	0 08	0 08	0 09	0 09	0 09	0 10
0 45	0 09	0 09	0 10	0 10	0 10	0 11
0 50	0 10	0 10	0 11	0 11	0 12	0 12
0 55	0 11	0 11	0 12	0 12	0 13	0 13
0 60	0 12	0 12	0 13	0 13	0 14	0 14
0 65	0 13	0 13	0 14	0 15	0 15	0 16
0 70	0 14	0 14	0 15	0 16	0 16	0 17
0 75	0 15	0 16	0 16	0 17	0 17	0 18
0 80	0 16	0 17	0 17	0 18	0 19	0 19
0 85	0 17	0 18	0 18	0 19	0 20	0 20
0 90	0 18	0 19	0 19	0 20	0 21	0 22
0 95	0 19	0 20	0 20	0 21	0 22	0 23
1 »	0 20	0 21	0 22	0 22	0 23	0 24
2 »	0 40	0 41	0 43	0 45	0 46	0 48
3 »	0 60	0 62	0 65	0 67	0 70	0 72
4 »	0 80	0 83	0 86	0 89	0 93	0 96
5 »	0 99	1 03	1 08	1 12	1 16	1 20
6 »	1 19	1 24	1 29	1 34	1 39	1 44
7 »	1 39	1 45	1 51	1 56	1 62	1 69
8 »	1 59	1 66	1 72	1 79	1 86	1 93
9 »	1 79	1 86	1 94	2 01	2 09	2 17
10 »	1 99	2 07	2 15	2 24	2 32	2 41
11 »	2 19	2 28	2 37	2 46	2 55	2 65
12 »	2 39	2 48	2 58	2 68	2 78	2 89

LONGUEURS.	56	57	58	59	60	61
0 05	0 01	0 01	0 01	0 01	0 01	0 01
0 10	0 02	0 03	0 03	0 03	0 03	0 03
0 15	0 04	0 04	0 04	0 04	0 04	0 04
0 20	0 05	0 05	0 05	0 06	0 06	0 06
0 25	0 06	0 06	0 07	0 07	0 07	0 07
0 30	0 07	0 08	0 08	0 08	0 09	0 09
0 35	0 09	0 09	0 09	0 10	0 10	0 10
0 40	0 10	0 10	0 11	0 11	0 11	0 12
0 45	0 11	0 12	0 12	0 12	0 13	0 13
0 50	0 12	0 13	0 13	0 14	0 14	0 15
0 55	0 14	0 14	0 15	0 15	0 16	0 16
0 60	0 15	0 16	0 16	0 17	0 17	0 18
0 65	0 16	0 17	0 17	0 18	0 19	0 19
0 70	0 17	0 18	0 19	0 19	0 20	0 21
0 75	0 19	0 19	0 20	0 21	0 22	0 22
0 80	0 20	0 21	0 21	0 22	0 23	0 24
0 85	0 21	0 22	0 23	0 24	0 24	0 25
0 90	0 22	0 23	0 24	0 25	0 26	0 27
0 95	0 24	0 25	0 26	0 27	0 27	0 28
1 »	0 25	0 26	0 27	0 28	0 29	0 30
2 »	0 50	0 52	0 54	0 55	0 57	0 59
3 »	0 75	0 78	0 80	0 83	0 86	0 88
4 »	1 »	1 03	1 07	1 11	1 15	1 18
5 »	1 25	1 29	1 34	1 39	1 43	1 48
6 »	1 50	1 55	1 61	1 66	1 72	1 78
7 »	1 75	1 81	1 87	1 94	2 01	2 07
8 »	2 »	2 07	2 14	2 22	2 29	2 37
9 »	2 25	2 33	2 41	2 49	2 58	2 66
10 »	2 50	2 59	2 68	2 77	2 86	2 96
11 »	2 75	2 85	2 95	3 05	3 15	3 26
12 »	2 99	3 10	3 21	3 32	3 44	3 55

LONGUEURS.	62	63	64	65	66	67
0 05	0 02	0 02	0 02	0 02	0 02	0 02
0 10	0 03	0 03	0 03	0 03	0 03	0 04
0 15	0 05	0 05	0 05	0 05	0 05	0 05
0 20	0 06	0 06	0 07	0 07	0 07	0 07
0 25	0 08	0 08	0 08	0 08	0 09	0 09
0 30	0 09	0 09	0 10	0 10	0 10	0 11
0 35	0 11	0 11	0 11	0 12	0 12	0 12
0 40	0 12	0 13	0 13	0 13	0 14	0 14
0 45	0 14	0 14	0 15	0 15	0 16	0 16
0 50	0 15	0 16	0 16	0 17	0 17	0 18
0 55	0 17	0 17	0 18	0 18	0 19	0 20
0 60	0 18	0 19	0 19	0 20	0 21	0 21
0 65	0 20	0 20	0 21	0 22	0 23	0 23
0 70	0 21	0 22	0 23	0 23	0 24	0 25
0 75	0 23	0 24	0 24	0 25	0 26	0 27
0 80	0 24	0 25	0 26	0 27	0 28	0 29
0 85	0 26	0 27	0 28	0 29	0 29	0 30
0 90	0 28	0 28	0 29	0 30	0 31	0 32
0 95	0 29	0 30	0 31	0 32	0 33	0 34
1 »	0 31	0 32	0 33	0 34	0 35	0 36
2 »	0 61	0 63	0 65	0 67	0 69	0 71
3 »	0 92	0 95	0 98	1 01	1 04	1 07
4 »	1 22	1 26	1 30	1 34	1 39	1 43
5 »	1 53	1 58	1 63	1 68	1 73	1 79
6 »	1 84	1 90	1 96	2 02	2 08	2 14
7 »	2 14	2 21	2 28	2 35	2 43	2 50
8 »	2 44	2 53	2 61	2 69	2 77	2 86
9 »	2 75	2 84	2 93	3 02	3 12	3 21
10 »	3 06	3 16	3 26	3 36	3 47	3 57
11 »	3 36	3 47	3 59	3 70	3 81	3 93
12 »	3 67	3 79	3 91	4 03	4 16	4 29

LONGUEURS.	68	69	70	71	72	73
0 05	0 02	0 02	0 02	0 02	0 02	0 02
0 10	0 04	0 04	0 04	0 04	0 04	0 04
0 15	0 06	0 06	0 06	0 06	0 06	0 06
0 20	0 07	0 08	0 08	0 08	0 08	0 08
0 25	0 09	0 09	0 10	0 10	0 10	0 11
0 30	0 11	0 11	0 12	0 12	0 12	0 13
0 35	0 13	0 13	0 14	0 14	0 14	0 15
0 40	0 15	0 15	0 16	0 16	0 16	0 17
0 45	0 17	0 17	0 18	0 18	0 19	0 19
0 50	0 18	0 19	0 19	0 20	0 21	0 21
0 55	0 20	0 21	0 21	0 22	0 23	0 23
0 60	0 22	0 23	0 23	0 24	0 25	0 25
0 65	0 24	0 25	0 25	0 26	0 27	0 28
0 70	0 26	0 27	0 27	0 28	0 29	0 30
0 75	0 28	0 28	0 29	0 30	0 31	0 32
0 80	0 29	0 30	0 31	0 32	0 33	0 34
0 85	0 31	0 32	0 33	0 34	0 35	0 36
0 90	0 33	0 34	0 35	0 36	0 37	0 38
0 95	0 35	0 36	0 37	0 38	0 39	0 40
1 »	0 37	0 38	0 39	0 40	0 41	0 42
2 »	0 74	0 76	0 78	0 80	0 82	0 85
3 »	1 10	1 14	1 17	1 20	1 24	1 27
4 »	1 47	1 51	1 56	1 60	1 65	1 70
5 »	1 84	1 89	1 95	2 01	2 06	2 12
6 »	2 21	2 27	2 34	2 41	2 48	2 54
7 »	2 58	2 65	2 73	2 81	2 89	2 97
8 »	2 94	3 03	3 12	3 21	3 30	3 39
9 »	3 31	3 41	3 51	3 61	3 71	3 82
10 »	3 68	3 79	3 90	4 01	4 13	4 24
11 »	4 05	4 17	4 29	4 41	4 54	4 66
12 »	4 42	4 55	4 68	4 81	4 95	5 09

LONGUEURS.	74	75	76	77	78	79
0 05	0 02	0 02	0 02	0 02	0 02	0 02
0 10	0 04	0 04	0 05	0 05	0 05	0 05
0 15	0 07	0 07	0 07	0 07	0 07	0 07
0 20	0 09	0 09	0 09	0 09	0 10	0 10
0 25	0 11	0 11	0 11	0 12	0 12	0 12
0 30	0 13	0 13	0 14	0 14	0 15	0 15
0 35	0 15	0 15	0 16	0 16	0 17	0 17
0 40	0 17	0 18	0 18	0 19	0 19	0 20
0 45	0 20	0 20	0 21	0 21	0 22	0 22
0 50	0 22	0 22	0 23	0 24	0 24	0 25
0 55	0 24	0 25	0 25	0 26	0 27	0 27
0 60	0 26	0 27	0 28	0 28	0 29	0 30
0 65	0 28	0 29	0 30	0 31	0 31	0 32
0 70	0 30	0 31	0 32	0 33	0 34	0 35
0 75	0 33	0 34	0 34	0 35	0 36	0 37
0 80	0 35	0 36	0 37	0 38	0 39	0 40
0 85	0 37	0 38	0 39	0 40	0 41	0 42
0 90	0 39	0 40	0 41	0 42	0 44	0 45
0 95	0 41	0 43	0 44	0 45	0 46	0 47
1 »	0 44	0 45	0 46	0 47	0 48	0 50
2 »	0 87	0 89	0 92	0 94	0 97	0 99
3 »	1 31	1 34	1 38	1 41	1 45	1 49
4 »	1 74	1 79	1 84	1 89	1 94	1 99
5 »	2 18	2 24	2 30	2 36	2 42	2 48
6 »	2 61	2 69	2 76	2 83	2 90	2 98
7 »	3 05	3 13	3 22	3 30	3 39	3 48
8 »	3 49	3 58	3 68	3 77	3 87	3 97
9 »	3 92	4 03	4 14	4 25	4 36	4 47
10 »	4 36	4 48	4 60	4 72	4 84	4 97
11 »	4 79	4 92	5 06	5 19	5 33	5 46
12 »	5 23	5 37	5 52	5 66	5 81	5 96

LONGUEURS.	80	81	82	83	84	85
0 05	0 03	0 03	0 03	0 03	0 03	0 03
0 10	0 05	0 05	0 05	0 05	0 06	0 06
0 15	0 08	0 08	0 08	0 08	0 08	0 09
0 20	0 10	0 10	0 11	0 11	0 11	0 11
0 25	0 13	0 13	0 13	0 14	0 14	0 14
0 30	0 15	0 16	0 16	0 16	0 17	0 17
0 35	0 18	0 18	0 19	0 19	0 20	0 20
0 40	0 20	0 21	0 21	0 22	0 22	0 23
0 45	0 23	0 23	0 24	0 25	0 25	0 26
0 50	0 25	0 26	0 27	0 27	0 28	0 29
0 55	0 28	0 29	0 29	0 30	0 31	0 32
0 60	0 31	0 31	0 32	0 33	0 34	0 34
0 65	0 33	0 34	0 35	0 36	0 36	0 37
0 70	0 36	0 36	0 37	0 38	0 39	0 40
0 75	0 38	0 39	0 40	0 41	0 42	0 43
0 80	0 41	0 42	0 43	0 44	0 45	0 46
0 85	0 43	0 44	0 45	0 47	0 48	0 49
0 90	0 46	0 47	0 48	0 49	0 51	0 52
0 95	0 48	0 50	0 51	0 52	0 53	0 55
1 »	0 51	0 52	0 53	0 55	0 56	0 57
2 »	1 02	1 04	1 07	1 10	1 12	1 15
3 »	1 53	1 57	1 60	1 64	1 68	1 72
4 »	2 04	2 09	2 14	2 19	2 25	2 30
5 »	2 55	2 61	2 67	2 74	2 81	2 87
6 »	3 06	3 13	3 21	3 29	3 37	3 45
7 »	3 56	3 65	3 74	3 83	3 93	4 02
8 »	4 07	4 18	4 28	4 38	4 49	4 60
9 »	4 58	4 70	4 81	4 93	5 05	5 17
10 »	5 09	5 22	5 35	5 48	5 61	5 75
11 »	5 60	5 74	5 89	6 03	6 18	6 32
12 »	6 11	6 26	6 42	6 58	6 74	6 90

LONGUEURS.	86	87	88	89	90	91
0 05	0 03	0 03	0 03	0 03	0 03	0 03
0 10	0 06	0 06	0 06	0 06	0 06	0 06
0 15	0 09	0 09	0 09	0 09	0 10	0 10
0 20	0 12	0 12	0 12	0 13	0 13	0 13
0 25	0 15	0 15	0 15	0 16	0 16	0 16
0 30	0 18	0 18	0 18	0 19	0 19	0 20
0 35	0 21	0 21	0 21	0 22	0 23	0 23
0 40	0 24	0 24	0 26	0 25	0 26	0 26
0 45	0 26	0 27	0 28	0 29	0 29	0 30
0 50	0 29	0 30	0 31	0 32	0 32	0 33
0 55	0 32	0 33	0 34	0 35	0 35	0 36
0 60	0 35	0 36	0 37	0 38	0 39	0 40
0 65	0 38	0 39	0 40	0 41	0 42	0 43
0 70	0 41	0 42	0 43	0 44	0 45	0 46
0 75	0 44	0 45	0 46	0 47	0 48	0 49
0 80	0 47	0 48	0 49	0 50	0 52	0 53
0 85	0 50	0 51	0 52	0 54	0 55	0 56
0 90	0 53	0 54	0 55	0 57	0 58	0 59
0 95	0 56	0 57	0 59	0 60	0 61	0 63
1 »	0 59	0 60	0 62	0 63	0 64	0 66
2 »	1 18	1 20	1 23	1 26	1 29	1 32
3 »	1 76	1 81	1 85	1 89	1 93	1 98
4 »	2 35	2 41	2 46	2 52	2 58	2 64
5 »	2 94	3 01	3 08	3 15	3 22	3 29
6 »	3 53	3 61	3 70	3 78	3 87	3 95
7 »	4 12	4 22	4 31	4 41	4 51	4 61
8 »	4 71	4 82	4 93	5 04	5 16	5 28
9 »	5 29	5 42	5 54	5 67	5 80	5 94
10 »	5 89	6 02	6 16	6 30	6 45	6 59
11 »	6 47	6 63	6 78	6 93	7 09	7 25
12 »	7 06	7 23	7 39	7 56	7 73	7 91

LONGUEURS.	92	93	94	95	96	97
0 05	0 03	0 03	0 04	0 04	0 04	0 04
0 10	0 07	0 07	0 07	0 07	0 07	0 07
0 15	0 10	0 10	0 11	0 11	0 11	0 11
0 20	0 13	0 14	0 14	0 14	0 15	0 15
0 25	0 17	0 17	0 18	0 18	0 18	0 19
0 30	0 20	0 21	0 21	0 22	0 22	0 22
0 35	0 24	0 24	0 25	0 25	0 26	0 26
0 40	0 27	0 28	0 28	0 29	0 29	0 30
0 45	0 30	0 31	0 32	0 32	0 33	0 34
0 50	0 34	0 34	0 35	0 36	0 37	0 37
0 55	0 37	0 38	0 39	0 39	0 40	0 41
0 60	0 40	0 41	0 42	0 43	0 44	0 45
0 65	0 44	0 45	0 46	0 47	0 48	0 49
0 70	0 47	0 48	0 49	0 50	0 51	0 52
0 75	0 50	0 52	0 53	0 54	0 55	0 56
0 80	0 54	0 55	0 56	0 57	0 59	0 60
0 85	0 57	0 59	0 60	0 61	0 62	0 64
0 90	0 61	0 62	0 63	0 65	0 66	0 67
0 95	0 64	0 65	0 67	0 68	0 70	0 71
1 »	0 67	0 69	0 70	0 72	0 73	0 75
2 »	1 35	1 38	1 41	1 44	1 47	1 50
3 »	2 02	2 06	2 11	2 15	2 20	2 25
4 »	2 69	2 75	2 81	2 87	2 93	2 99
5 »	3 37	3 44	3 52	3 59	3 66	3 74
6 »	4 04	4 13	4 22	4 31	4 40	4 49
7 »	4 71	4 82	4 92	5 03	5 13	5 24
8 »	5 39	5 51	5 62	5 74	5 87	5 99
9 »	6 05	6 19	6 32	6 45	6 59	6 74
10 »	6 73	6 88	7 03	7 18	7 33	7 49
11 »	7 41	7 57	7 73	7 90	8 07	8 24
12 »	8 08	8 26	8 44	8 62	8 80	9 08

LONGUEURS.	98	99	1,00	1,01	1,02	1,03
0 05	0 04	0 04	0 04	0 04	0 04	0 04
0 10	0 07	0 08	0 08	0 08	0 08	0 08
0 15	0 11	0 12	0 12	0 12	0 12	0 13
0 20	0 15	0 16	0 16	0 16	0 17	0 17
0 25	0 19	0 19	0 20	0 20	0 21	0 21
0 30	0 23	0 23	0 24	0 24	0 25	0 25
0 35	0 27	0 27	0 28	0 28	0 29	0 30
0 40	0 31	0 31	0 32	0 32	0 33	0 34
0 45	0 34	0 35	0 36	0 37	0 37	0 38
0 50	0 38	0 39	0 40	0 41	0 41	0 42
0 55	0 42	0 43	0 44	0 45	0 46	0 46
0 60	0 46	0 47	0 48	0 49	0 50	0 51
0 65	0 50	0 51	0 52	0 53	0 54	0 55
0 70	0 53	0 55	0 56	0 57	0 58	0 59
0 75	0 57	0 58	0 60	0 61	0 62	0 63
0 80	0 61	0 62	0 64	0 65	0 66	0 68
0 85	0 65	0 66	0 68	0 69	0 70	0 72
0 90	0 69	0 70	0 72	0 73	0 74	0 76
0 95	0 73	0 74	0 76	0 77	0 79	0 80
1 »	0 76	0 78	0 80	0 81	0 83	0 84
2 »	1 53	1 56	1 59	1 62	1 66	1 69
3 »	2 29	2 34	2 39	2 43	2 48	2 53
4 »	3 06	3 12	3 18	3 25	3 31	3 38
5 »	3 82	3 90	3 98	4 06	4 14	4 22
6 »	4 58	4 68	4 77	4 87	4 96	5 06
7 »	5 35	5 46	5 57	5 68	5 79	5 91
8 »	6 11	6 24	6 37	6 49	6 62	6 75
9 »	6 88	7 02	7 16	7 31	7 45	7 60
10 »	7 64	7 80	7 96	8 12	8 28	8 44
11 »	8 41	8 58	8 75	8 93	9 11	9 29
12 »	9 17	9 36	9 55	9 74	9 93	10 13

LONGUEURS.	1,04	1,05	1,06	1,07	1,08	1,09
0 05	0 04	0 04	0 04	0 05	0 05	0 05
0 10	0 09	0 09	0 09	0 09	0 09	0 09
0 15	0 13	0 13	0 13	0 14	0 14	0 14
0 20	0 17	0 18	0 18	0 18	0 19	0 19
0 25	0 22	0 22	0 22	0 23	0 23	0 24
0 30	0 26	0 26	0 27	0 27	0 28	0 28
0 35	0 30	0 31	0 31	0 32	0 32	0 33
0 40	0 34	0 35	0 36	0 36	0 37	0 38
0 45	0 39	0 39	0 40	0 41	0 42	0 43
0 50	0 43	0 44	0 45	0 46	0 46	0 47
0 55	0 47	0 48	0 49	0 50	0 51	0 52
0 60	0 52	0 53	0 54	0 55	0 56	0 57
0 65	0 56	0 57	0 58	0 58	0 60	0 61
0 70	0 60	0 61	0 63	0 64	0 65	0 66
0 75	0 65	0 66	0 67	0 68	0 70	0 71
0 80	0 69	0 70	0 71	0 73	0 74	0 76
0 85	0 73	0 75	0 76	0 77	0 79	0 80
0 90	0 77	0 79	0 80	0 82	0 84	0 85
0 95	0 82	0 83	0 85	0 87	0 88	0 90
1 »	0 86	0 88	0 89	0 91	0 93	0 95
2 »	1 72	1 75	1 79	1 82	1 85	1 89
3 »	2 58	2 63	2 68	2 73	2 78	2 84
4 »	3 45	3 51	3 58	3 64	3 71	3 78
5 »	4 30	4 39	4 47	4 56	4 64	4 73
6 »	5 16	5 26	5 36	5 47	5 57	5 67
7 »	6 02	6 14	6 26	6 38	6 50	6 62
8 »	6 89	7 02	7 15	7 29	7 43	7 56
9 »	7 75	7 90	8 05	8 20	8 35	8 50
10 »	8 61	8 77	8 94	9 11	9 28	9 45
11 »	9 47	9 65	9 84	10 02	10 21	10 40
12 »	10 33	10 53	10 73	10 93	11 13	11 34

LONGUEURS.	1,10	1,11	1,12	1,13	1,14	1,15
0 05	0 05	0 05	0 05	0 05	0 05	0 05
0 10	0 10	0 10	0 10	0 10	0 10	0 11
0 15	0 14	0 15	0 15	0 15	0 16	0 16
0 20	0 19	0 20	0 20	0 20	0 21	0 21
0 25	0 24	0 24	0 25	0 25	0 26	0 26
0 30	0 29	0 29	0 30	0 30	0 31	0 32
0 35	0 34	0 34	0 35	0 36	0 36	0 37
0 40	0 38	0 39	0 40	0 41	0 41	0 42
0 45	0 43	0 44	0 45	0 46	0 47	0 47
0 50	0 48	0 49	0 50	0 51	0 52	0 53
0 55	0 53	0 54	0 55	0 56	0 57	0 58
0 60	0 58	0 59	0 60	0 61	0 62	0 63
0 65	0 63	0 64	0 65	0 66	0 67	0 68
0 70	0 67	0 69	0 70	0 71	0 72	0 74
0 75	0 72	0 74	0 75	0 76	0 78	0 79
0 80	0 77	0 78	0 80	0 82	0 83	0 84
0 85	0 82	0 83	0 85	0 87	0 88	0 89
0 90	0 87	0 88	0 90	0 92	0 93	0 95
0 95	0 92	0 93	0 95	0 97	0 98	1 »
1 »	0 96	0 98	1 »	1 02	1 03	1 05
2 »	1 93	1 96	2 »	2 03	2 07	2 10
3 »	2 89	2 94	2 99	3 05	3 10	3 16
4 »	3 85	3 92	3 99	4 06	4 14	4 21
5 »	4 81	4 90	4 99	5 08	5 17	5 26
6 »	5 78	5 88	5 99	6 10	6 21	6 31
7 »	6 74	6 86	6 99	7 11	7 24	7 37
8 »	7 70	7 84	7 99	8 13	8 27	8 42
9 »	8 67	8 82	8 98	9 15	9 31	9 47
10 »	9 63	9 80	9 98	10 16	10 34	10 52
11 »	10 59	10 79	10 98	11 18	11 38	11 58
12 »	11 55	11 77	11 98	12 19	12 41	12 63

LONGUEURS.	1,16	1,17	1,18	1,19	1,20	1,21
0 05	0 05	0 05	0 06	0 06	0 06	0 06
0 10	0 11	0 11	0 11	0 11	0 11	0 12
0 15	0 16	0 16	0 17	0 17	0 17	0 17
0 20	0 21	0 22	0 22	0 23	0 23	0 23
0 25	0 27	0 27	0 28	0 28	0 29	0 29
0 30	0 32	0 33	0 33	0 34	0 34	0 35
0 35	0 37	0 38	0 39	0 39	0 40	0 41
0 40	0 43	0 44	0 44	0 45	0 46	0 47
0 45	0 48	0 49	0 50	0 51	0 52	0 52
0 50	0 53	0 54	0 55	0 56	0 57	0 58
0 55	0 59	0 60	0 61	0 62	0 63	0 64
0 60	0 64	0 65	0 66	0 68	0 69	0 70
0 65	0 70	0 71	0 72	0 73	0 75	0 76
0 70	0 75	0 76	0 78	0 79	0 80	0 82
0 75	0 80	0 82	0 83	0 85	0 86	0 87
0 80	0 86	0 87	0 89	0 90	0 92	0 93
0 85	0 91	0 93	0 94	0 96	0 97	0 99
0 90	0 96	0 98	1 »	1 01	1 03	1 05
0 95	1 02	1 03	1 05	1 07	1 09	1 11
1 »	1 07	1 09	1 11	1 13	1 15	1 17
2 »	2 14	2 18	2 22	2 25	2 29	2 33
3 »	3 21	3 27	3 32	3 38	3 44	3 49
4 »	4 28	4 36	4 43	4 51	4 58	4 66
5 »	5 35	5 45	5 54	5 63	5 73	5 83
6 »	6 42	6 54	6 65	6 76	6 88	6 99
7 »	7 49	7 63	7 76	7 89	8 02	8 16
8 »	8 56	8 71	8 86	9 01	9 17	9 32
9 »	9 63	9 80	9 97	10 14	10 31	10 49
10 »	10 70	10 89	11 08	11 27	11 46	11 65
11 »	11 77	11 98	12 19	12 40	12 61	12 82
12 »	12 84	13 07	13 30	13 52	13 75	13 98

LONGUEURS.	1,22	1,23	1,24	1,25	1,26	1,27
0 05	0 06	0 06	0 06	0 06	0 06	0 06
0 10	0 12	0 12	0 12	0 12	0 13	0 13
0 15	0 18	0 18	0 18	0 19	0 19	0 19
0 20	0 24	0 24	0 24	0 25	0 25	0 26
0 25	0 30	0 30	0 31	0 31	0 32	0 32
0 30	0 36	0 36	0 37	0 37	0 38	0 38
0 35	0 41	0 42	0 43	0 44	0 44	0 45
0 40	0 47	0 48	0 49	0 50	0 51	0 51
0 45	0 53	0 54	0 55	0 56	0 57	0 58
0 50	0 59	0 60	0 61	0 62	0 63	0 64
0 55	0 65	0 66	0 67	0 68	0 70	0 71
0 60	0 71	0 72	0 73	0 75	0 76	0 77
0 65	0 77	0 78	0 80	0 81	0 82	0 83
0 70	0 83	0 84	0 86	0 87	0 88	0 90
0 75	0 89	0 90	0 92	0 93	0 95	0 96
0 80	0 94	0 96	0 98	0 99	1 01	1 03
0 85	1 01	1 02	1 04	1 06	1 07	1 09
0 90	1 07	1 08	1 10	1 12	1 14	1 15
0 95	1 12	1 14	1 16	1 18	1 20	1 22
1 »	1 18	1 20	1 22	1 24	1 26	1 28
2 »	2 37	2 41	2 45	2 49	2 53	2 57
3 »	3 55	3 61	3 67	3 73	3 79	3 85
4 »	4 74	4 82	4 89	4 97	5 05	5 13
5 »	5 92	6 02	6 12	6 22	6 32	6 42
6 »	7 11	7 22	7 34	7 46	7 58	7 70
7 »	8 29	8 43	8 57	8 70	8 84	8 98
8 »	9 48	9 63	9 79	9 95	10 11	10 27
9 »	10 66	10 84	11 02	11 19	11 37	11 55
10 »	11 84	12 04	12 24	12 43	12 63	12 83
11 »	13 03	13 24	13 46	13 68	13 90	14 12
12 »	14 21	14 45	14 68	14 92	15 16	15 40

LONGUEURS.	1,28	1,29	1,30	1,31	1,32	1,33
0 05	0 07	0 07	0 07	0 07	0 07	0 07
0 10	0 13	0 13	0 13	0 14	0 14	0 14
0 15	0 20	0 20	0 20	0 20	0 21	0 21
0 20	0 26	0 26	0 27	0 27	0 28	0 28
0 25	0 33	0 33	0 34	0 34	0 35	0 35
0 30	0 39	0 40	0 40	0 41	0 42	0 42
0 35	0 46	0 46	0 47	0 48	0 49	0 49
0 40	0 52	0 53	0 54	0 55	0 55	0 56
0 45	0 59	0 60	0 61	0 61	0 62	0 63
0 50	0 65	0 66	0 67	0 68	0 69	0 70
0 55	0 72	0 73	0 74	0 75	0 76	0 77
0 60	0 78	0 79	0 81	0 82	0 83	0 84
0 65	0 85	0 86	0 87	0 89	0 90	0 92
0 70	0 91	0 93	0 94	0 96	0 97	0 99
0 75	0 98	0 99	1 01	1 02	1 04	1 06
0 80	1 04	1 06	1 07	1 09	1 11	1 13
0 85	1 11	1 13	1 14	1 16	1 18	1 20
0 90	1 17	1 19	1 21	1 23	1 25	1 27
0 95	1 24	1 26	1 28	1 30	1 32	1 34
1 »	1 30	1 32	1 34	1 37	1 39	1 41
2 »	2 61	2 65	2 69	2 73	2 77	2 82
3 »	3 91	3 97	4 03	4 10	4 16	4 22
4 »	5 22	5 30	5 38	5 46	5 55	5 63
5 »	6 52	6 62	6 72	6 83	6 93	7 04
6 »	7 82	7 95	8 07	8 19	8 31	8 45
7 »	9 13	9 27	9 41	9 56	9 71	9 85
8 »	10 43	10 59	10 75	10 92	11 09	11 26
9 »	11 74	11 92	12 11	12 29	12 48	12 67
10 »	13 04	13 24	13 45	13 66	13 87	14 08
11 »	14 34	14 57	14 79	15 02	15 25	15 48
12 »	15 65	15 89	16 14	16 39	16 64	16 89

LONGUEURS.	1,34	1,35	1,36	1,37	1,38	1,39
0 05	0 07	0 07	0 07	0 07	0 08	0 08
0 10	0 14	0 15	0 15	0 15	0 15	0 15
0 15	0 21	0 22	0 22	0 22	0 23	0 23
0 20	0 29	0 29	0 29	0 30	0 30	0 31
0 25	0 36	0 36	0 37	0 37	0 38	0 38
0 30	0 43	0 44	0 44	0 45	0 45	0 46
0 35	0 50	0 51	0 52	0 52	0 53	0 54
0 40	0 57	0 58	0 59	0 60	0 61	0 62
0 45	0 64	0 65	0 66	0 67	0 68	0 69
0 50	0 71	0 73	0 74	0 75	0 76	0 77
0 55	0 79	0 80	0 81	0 82	0 83	0 85
0 60	0 86	0 87	0 88	0 90	0 91	0 92
0 65	0 93	0 94	0 96	0 97	0 98	1 »
0 70	1 »	1 02	1 03	1 05	1 06	1 08
0 75	1 07	1 09	1 10	1 12	1 14	1 15
0 80	1 14	1 16	1 18	1 19	1 21	1 23
0 85	1 21	1 23	1 25	1 27	1 29	1 31
0 90	1 29	1 31	1 32	1 34	1 36	1 38
0 95	1 36	1 38	1 40	1 42	1 44	1 46
1 »	1 43	1 45	1 47	1 49	1 52	1 54
2 »	2 86	2 90	2 94	2 99	3 03	3 08
3 »	4 29	4 35	4 42	4 48	4 55	4 61
4 »	5 72	5 80	5 89	5 98	6 06	6 15
5 »	7 14	7 25	7 36	7 47	7 58	7 69
6 »	8 57	8 70	8 83	8 96	9 09	9 23
7 »	10 »	10 15	10 30	10 46	10 61	10 76
8 »	11 43	11 60	11 78	11 95	12 12	12 30
9 »	12 86	13 05	13 25	13 45	13 64	13 84
10 »	14 29	14 50	14 72	14 94	15 15	15 37
11 »	15 72	15 95	16 19	16 43	16 67	16 91
12 »	17 15	17 40	17 66	17 92	18 19	18 45

LONGUEURS.	1,40	1,41	1,42	1,43	1,44	1,45
0 05	0 08	0 08	0 08	0 08	0 08	0 08
0 10	0 16	0 16	0 16	0 16	0 17	0 17
0 15	0 23	0 24	0 24	0 24	0 25	0 25
0 20	0 31	0 32	0 32	0 33	0 33	0 33
0 25	0 39	0 40	0 40	0 41	0 41	0 42
0 30	0 47	0 47	0 48	0 49	0 50	0 50
0 35	0 55	0 55	0 56	0 57	0 58	0 59
0 40	0 62	0 63	0 64	0 65	0 66	0 67
0 45	0 70	0 71	0 72	0 73	0 74	0 75
0 50	0 78	0 79	0 80	0 81	0 83	0 84
0 55	0 86	0 87	0 88	0 90	0 91	0 92
0 60	0 94	0 95	0 96	0 98	0 99	1 »
0 65	1 01	1 03	1 04	1 06	1 07	1 09
0 70	1 09	1 11	1 12	1 14	1 16	1 17
0 75	1 17	1 19	1 20	1 22	1 24	1 25
0 80	1 25	1 26	1 28	1 30	1 32	1 34
0 85	1 33	1 34	1 36	1 38	1 40	1 42
0 90	1 40	1 42	1 45	1 46	1 48	1 51
0 95	1 48	1 50	1 53	1 55	1 57	1 59
1 »	1 56	1 58	1 60	1 63	1 65	1 67
2 »	3 12	3 16	3 21	3 25	3 30	3 35
3 »	4 68	4 75	4 81	4 88	4 95	5 02
4 »	6 24	6 33	6 42	6 51	6 60	6 69
5 »	7 80	7 91	8 02	8 14	8 25	8 37
6 »	9 36	9 49	9 63	9 76	9 90	10 04
7 »	10 92	11 07	11 23	11 39	11 55	11 71
8 »	12 48	12 66	12 84	13 02	13 20	13 38
9 »	14 04	14 24	14 45	14 64	14 85	15 06
10 »	15 60	15 82	16 05	16 27	16 50	16 73
11 »	17 16	17 40	17 65	17 90	18 15	18 40
12 »	18 72	18 98	19 26	19 53	19 80	20 08

LONGUEURS.	1,46	1,47	1,48	1,49	1,50	1,51
0 05	0 08	0 09	0 09	0 09	0 09	0 09
0 10	0 17	0 17	0 17	0 18	0 18	0 18
0 15	0 25	0 26	0 26	0 26	0 27	0 27
0 20	0 34	0 34	0 35	0 35	0 36	0 36
0 25	0 42	0 43	0 44	0 44	0 45	0 45
0 30	0 51	0 52	0 52	0 53	0 54	0 54
0 35	0 59	0 60	0 61	0 62	0 63	0 64
0 40	0 68	0 69	0 70	0 71	0 72	0 73
0 45	0 76	0 77	0 78	0 79	0 81	0 82
0 50	0 85	0 86	0 87	0 88	0 90	0 91
0 55	0 93	0 95	0 96	0 97	0 99	1 »
0 60	1 02	1 03	1 05	1 06	1 07	1 09
0 65	1 10	1 12	1 13	1 15	1 16	1 18
0 70	1 19	1 20	1 22	1 24	1 25	1 27
0 75	1 27	1 29	1 31	1 33	1 34	1 36
0 80	1 36	1 38	1 39	1 41	1 43	1 45
0 85	1 44	1 46	1 48	1 50	1 52	1 54
0 90	1 53	1 55	1 57	1 59	1 61	1 63
0 95	1 61	1 63	1 66	1 68	1 70	1 72
1 »	1 70	1 72	1 74	1 77	1 79	1 82
2 »	3 39	3 44	3 49	3 53	3 58	3 63
3 »	5 09	5 16	5 23	5 30	5 37	5 45
4 »	6 78	6 88	6 97	7 07	7 16	7 26
5 »	8 48	8 60	8 72	8 83	8 95	9 07
6 »	10 18	10 32	10 46	10 60	10 74	10 89
7 »	11 87	12 04	12 20	12 37	12 53	12 70
8 »	13 57	13 76	13 95	14 14	14 32	14 51
9 »	15 26	15 48	15 69	15 90	16 11	16 33
10 »	16 96	17 20	17 43	17 67	17 90	18 14
11 »	18 66	18 92	19 17	19 43	19 70	19 96
12 »	20 36	20 63	20 92	21 20	21 49	21 77

LONGUEURS.	1,52	1,53	1,54	1,55	1,56	1,57
0 05	0 09	0 09	0 09	0 10	0 10	0 10
0 10	0 18	0 19	0 19	0 19	0 19	0 20
0 15	0 28	0 28	0 28	0 29	0 29	0 29
0 20	0 37	0 37	0 38	0 38	0 39	0 39
0 25	0 46	0 47	0 47	0 48	0 48	0 49
0 30	0 55	0 56	0 57	0 57	0 58	0 59
0 35	0 64	0 65	0 66	0 67	0 68	0 69
0 40	0 74	0 75	0 75	0 76	0 77	0 78
0 45	0 83	0 84	0 85	0 86	0 87	0 88
0 50	0 92	0 93	0 94	0 96	0 97	0 98
0 55	1 01	1 02	1 04	1 05	1 07	1 08
0 60	1 10	1 12	1 13	1 15	1 16	1 18
0 65	1 19	1 21	1 23	1 24	1 26	1 28
0 70	1 29	1 30	1 32	1 34	1 36	1 37
0 75	1 38	1 40	1 42	1 43	1 45	1 47
0 80	1 47	1 49	1 51	1 53	1 55	1 57
0 85	1 56	1 58	1 60	1 63	1 65	1 67
0 90	1 66	1 68	1 70	1 72	1 74	1 76
0 95	1 75	1 77	1 79	1 82	1 84	1 86
1 »	1 84	1 86	1 89	1 91	1 94	1 96
2 »	3 68	3 73	3 77	3 82	3 87	3 92
3 »	5 52	5 59	5 66	5 74	5 81	5 88
4 »	7 36	7 45	7 55	7 65	7 75	7 84
5 »	9 19	9 31	9 44	9 56	9 68	9 81
6 »	11 03	11 18	11 32	11 47	11 62	11 77
7 »	12 87	13 04	13 21	13 38	13 56	13 73
8 »	14 71	14 90	15 10	15 30	15 50	15 69
9 »	16 55	16 77	16 98	17 21	17 43	17 65
10 »	18 39	18 63	18 87	19 12	19 37	19 61
11 »	20 22	20 49	20 76	21 03	21 30	21 58
12 »	22 06	22 35	22 65	22 94	23 24	23 54

LONGUEURS.	1,58	1,59	1,60	1,61	1,62	1,63
0 05	0 10	0 10	0 10	0 10	0 10	0 11
0 10	0 20	0 20	0 20	0 21	0 21	0 21
0 15	0 30	0 30	0 31	0 31	0 31	0 32
0 20	0 40	0 40	0 41	0 41	0 42	0 42
0 25	0 50	0 50	0 51	0 52	0 52	0 53
0 30	0 60	0 60	0 61	0 62	0 63	0 63
0 35	0 70	0 70	0 71	0 72	0 73	0 74
0 40	0 79	0 80	0 81	0 83	0 84	0 85
0 45	0 89	0 91	0 92	0 93	0 94	0 95
0 50	0 99	1 01	1 02	1 03	1 04	1 06
0 55	1 09	1 11	1 12	1 13	1 15	1 16
0 60	1 19	1 21	1 22	1 24	1 25	1 27
0 65	1 29	1 31	1 32	1 34	1 36	1 37
0 70	1 39	1 41	1 43	1 44	1 46	1 48
0 75	1 49	1 51	1 53	1 55	1 57	1 59
0 80	1 59	1 61	1 63	1 65	1 67	1 69
0 85	1 69	1 71	1 73	1 75	1 77	1 80
0 90	1 79	1 81	1 83	1 86	1 88	1 90
0 95	1 89	1 91	1 94	1 96	1 98	2 01
1 »	1 99	2 01	2 04	2 06	2 09	2 11
2 »	3 97	4 02	4 07	4 13	4 18	4 23
3 »	5 96	6 04	6 11	6 19	6 26	6 34
4 »	7 95	8 05	8 15	8 25	8 35	8 46
5 »	9 93	10 06	10 19	10 31	10 44	10 57
6 »	11 92	12 07	12 22	12 38	12 53	12 68
7 »	13 91	14 08	14 26	14 44	14 62	14 80
8 »	15 90	16 10	16 30	16 50	16 70	16 91
9 »	17 88	18 11	18 33	18 56	18 79	19 03
10 »	19 87	20 12	20 37	20 63	20 88	21 14
11 »	21 85	22 13	22 40	22 69	22 97	23 26
12 »	23 84	24 14	24 45	24 75	25 06	25 37

LONGUEURS.	1,64	1,65	1,66	1,67	1,68	1,69
0 05	0 11	0 11	0 11	0 11	0 11	0 11
0 10	0 21	0 22	0 22	0 22	0 22	0 23
0 15	0 32	0 32	0 33	0 33	0 34	0 34
0 20	0 43	0 43	0 44	0 44	0 45	0 45
0 25	0 54	0 54	0 55	0 55	0 56	0 57
0 30	0 64	0 65	0 66	0 67	0 67	0 68
0 35	0 75	0 76	0 77	0 78	0 79	0 80
0 40	0 86	0 87	0 88	0 89	0 90	0 91
0 45	0 96	0 97	0 99	1 »	1 01	1 02
0 50	1 07	1 08	1 10	1 11	1 12	1 14
0 55	1 18	1 19	1 21	1 22	1 24	1 25
0 60	1 28	1 30	1 32	1 33	1 35	1 36
0 65	1 39	1 41	1 43	1 44	1 46	1 48
0 70	1 50	1 52	1 54	1 55	1 57	1 59
0 75	1 61	1 63	1 65	1 67	1 68	1 70
0 80	1 71	1 73	1 75	1 78	1 80	1 82
0 85	1 82	1 84	1 86	1 89	1 91	1 93
0 90	1 93	1 95	1 97	2 »	2 02	2 05
0 95	2 03	2 06	2 08	2 11	2 13	2 16
1 »	2 14	2 17	2 19	2 22	2 25	2 27
2 »	4 28	4 33	4 39	4 44	4 49	4 55
3 »	6 42	6 50	6 58	6 66	6 74	6 82
4 »	8 56	8 66	8 77	8 88	8 98	9 09
5 »	10 72	10 83	10 96	11 10	11 23	11 36
6 »	12 85	13 »	13 16	13 31	13 47	13 64
7 »	14 99	15 17	15 35	15 53	15 72	15 91
8 »	17 13	17 33	17 54	17 75	17 97	18 18
9 »	19 27	19 50	19 74	19 97	20 21	20 46
10 »	21 41	21 66	21 93	22 19	22 46	22 73
11 »	23 55	23 83	24 12	24 41	24 71	25 »
12 »	25 69	26 »	26 31	26 63	26 95	27 27

LONGUEURS.	1,70	1,71	1,72	1,73	1,74	1,75
0 05	0 11	0 12	0 12	0 12	0 12	0 12
0 10	0 23	0 23	0 24	0 24	0 24	0 24
0 15	0 34	0 35	0 35	0 36	0 36	0 37
0 20	0 46	0 47	0 47	0 48	0 48	0 49
0 25	0 57	0 58	0 59	0 60	0 60	0 61
0 30	0 69	0 70	0 71	0 71	0 72	0 73
0 35	0 80	0 81	0 82	0 83	0 84	0 85
0 40	0 92	0 93	0 94	0 95	0 96	0 97
0 45	1 03	1 05	1 06	1 07	1 08	1 10
0 50	1 15	1 16	1 18	1 19	1 20	1 22
0 55	1 26	1 28	1 29	1 31	1 33	1 34
0 60	1 38	1 40	1 41	1 43	1 45	1 46
0 65	1 49	1 51	1 53	1 55	1 57	1 58
0 70	1 61	1 63	1 65	1 67	1 69	1 71
0 75	1 72	1 75	1 77	1 79	1 81	1 83
0 80	1 84	1 86	1 88	1 91	1 93	1 95
0 85	1 95	1 98	2 »	2 02	2 05	2 07
0 90	2 07	2 09	2 12	2 14	2 17	2 19
0 95	2 18	2 21	2 24	2 26	2 29	2 31
1 »	2 30	2 33	2 35	2 38	2 41	2 44
2 »	4 60	4 65	4 71	4 76	4 82	4 87
3 »	6 90	6 98	7 06	7 15	7 23	7 31
4 »	9 20	9 31	9 42	9 53	9 64	9 75
5 »	11 50	11 63	11 77	11 91	12 05	12 19
6 »	13 80	13 96	14 12	14 29	14 45	14 62
7 »	16 10	16 29	16 48	16 67	16 86	17 06
8 »	18 40	18 62	18 83	19 05	19 27	19 49
9 »	20 70	20 94	21 19	21 44	21 68	21 93
10 »	23 »	23 27	23 54	23 82	24 09	24 37
11 »	25 30	25 60	25 90	26 20	26 50	26 80
12 »	27 60	27 92	28 25	28 58	28 91	29 23

LONGUEURS.	1,76	1,77	1,78	1,79	1,80	1,81
0 05	0 12	0 12	0 13	0 13	0 13	0 13
0 10	0 25	0 25	0 25	0 25	0 26	0 26
0 15	0 37	0 37	0 38	0 38	0 39	0 39
0 20	0 49	0 50	0 50	0 51	0 52	0 52
0 25	0 62	0 62	0 63	0 64	0 64	0 65
0 30	0 74	0 75	0 76	0 76	0 77	0 78
0 35	0 86	0 87	0 88	0 89	0 90	0 91
0 40	0 99	1 »	1 01	1 02	1 03	1 04
0 45	1 11	1 12	1 13	1 15	1 16	1 17
0 50	1 23	1 25	1 26	1 27	1 29	1 30
0 55	1 36	1 37	1 39	1 40	1 42	1 43
0 60	1 48	1 50	1 51	1 53	1 55	1 56
0 65	1 60	1 62	1 64	1 66	1 68	1 69
0 70	1 73	1 75	1 76	1 78	1 80	1 82
0 75	1 85	1 87	1 89	1 91	1 93	1 96
0 80	1 97	1 99	2 02	2 04	2 06	2 09
0 85	2 10	2 12	2 14	2 17	2 19	2 22
0 90	2 22	2 24	2 27	2 29	2 32	2 35
0 95	2 34	2 37	2 39	2 42	2 45	2 48
1 »	2 47	2 49	2 52	2 55	2 58	2 61
2 »	4 93	4 99	5 04	5 10	5 16	5 21
3 »	7 40	7 48	7 56	7 65	7 73	7 82
4 »	9 86	9 97	10 08	10 20	10 31	10 43
5 »	12 33	12 47	12 61	12 75	12 89	13 04
6 »	14 79	14 96	15 13	15 30	15 47	15 64
7 »	17 26	17 45	17 65	17 85	18 05	18 25
8 »	19 72	19 94	20 17	20 40	20 63	20 86
9 »	22 18	22 44	22 69	22 95	23 20	23 46
10 »	24 65	24 93	25 21	25 50	25 78	26 07
11 »	27 12	27 42	27 73	28 05	28 36	28 68
12 »	29 58	29 92	30 26	30 60	30 94	31 28

LONGUEURS.	1,82	1,83	1,84	1,85	1,86	1,87
0 05	0 13	0 13	0 13	0 14	0 14	0 14
0 10	0 26	0 27	0 27	0 27	0 28	0 28
0 15	0 40	0 40	0 40	0 41	0 41	0 42
0 20	0 53	0 53	0 54	0 54	0 55	0 56
0 25	0 66	0 67	0 67	0 68	0 69	0 70
0 30	0 79	0 80	0 81	0 82	0 83	0 83
0 35	0 92	0 93	0 94	0 95	0 96	0 97
0 40	1 05	1 07	1 08	1 09	1 10	1 11
0 45	1 19	1 20	1 21	1 23	1 24	1 25
0 50	1 32	1 33	1 35	1 36	1 38	1 39
0 55	1 45	1 47	1 48	1 50	1 51	1 53
0 60	1 58	1 60	1 62	1 63	1 65	1 67
0 65	1 71	1 73	1 75	1 77	1 79	1 81
0 70	1 85	1 87	1 89	1 91	1 93	1 95
0 75	1 98	2 »	2 02	2 04	2 06	2 09
0 80	2 11	2 13	2 16	2 18	2 20	2 23
0 85	2 24	2 27	2 29	2 31	2 34	2 37
0 90	2 37	2 40	2 42	2 45	2 48	2 51
0 95	2 50	2 53	2 56	2 59	2 62	2 64
1 »	2 64	2 66	2 69	2 72	2 75	2 78
2 »	5 27	5 33	5 39	5 45	5 51	5 57
3 »	7 91	7 99	8 08	8 17	8 26	8 35
4 »	10 54	10 66	10 78	10 90	11 01	11 13
5 »	13 18	13 32	13 47	13 62	13 77	13 91
6 »	15 81	15 99	16 17	16 34	16 52	16 70
7 »	18 45	18 66	18 86	19 07	19 27	19 48
8 »	21 09	21 33	21 55	21 79	22 02	22 26
9 »	23 72	23 99	24 25	24 52	24 78	25 05
10 »	26 36	26 65	26 94	27 24	27 53	27 83
11 »	28 99	29 31	29 64	29 96	30 28	30 61
12 »	31 63	31 98	32 33	32 68	33 04	33 39

LONGUEURS.	1,88	1,89	1,90	1,91	1,92	1,93
0 05	0 14	0 14	0 14	0 15	0 15	0 15
0 10	0 28	0 28	0 29	0 29	0 29	0 30
0 15	0 42	0 43	0 43	0 44	0 44	0 44
0 20	0 56	0 57	0 57	0 58	0 59	0 59
0 25	0 70	0 71	0 72	0 73	0 73	0 74
0 30	0 84	0 85	0 86	0 87	0 88	0 89
0 35	0 98	0 99	1 01	1 02	1 03	1 04
0 40	1 12	1 14	1 15	1 16	1 17	1 18
0 45	1 27	1 28	1 29	1 31	1 32	1 33
0 50	1 41	1 42	1 44	1 45	1 47	1 48
0 55	1 55	1 56	1 58	1 60	1 61	1 63
0 60	1 69	1 71	1 72	1 74	1 76	1 78
0 65	1 83	1 85	1 87	1 89	1 91	1 93
0 70	1 97	1 99	2 01	2 03	2 05	2 07
0 75	2 11	2 13	2 15	2 18	2 20	2 22
0 80	2 25	2 27	2 30	2 32	2 35	2 37
0 85	2 39	2 42	2 44	2 47	2 49	2 52
0 90	2 53	2 56	2 59	2 61	2 64	2 67
0 95	2 67	2 70	2 73	2 76	2 79	2 82
1 »	2 81	2 84	2 87	2 90	2 93	2 96
2 »	5 63	5 69	5 75	5 81	5 87	5 93
3 »	8 44	8 53	8 62	8 71	8 80	8 89
4 »	11 25	11 37	11 49	11 61	11 73	11 86
5 »	14 06	14 21	14 36	14 52	14 67	14 82
6 »	16 88	17 06	17 24	17 42	17 60	17 78
7 »	19 69	19 90	20 11	20 32	20 53	20 74
8 »	22 50	22 74	22 98	23 22	23 47	23 71
9 »	25 32	25 59	25 86	26 13	26 41	26 68
10 »	28 13	28 43	28 73	29 03	29 34	29 64
11 »	30 94	31 27	31 60	31 93	32 27	32 61
12 »	33 75	34 11	34 47	34 84	35 20	35 57

LONGUEURS.	1,94	1,95	1,96	1,97	1,98	1,99
0 05	0 15	0 15	0 15	0 15	0 16	0 16
0 10	0 30	0 30	0 31	0 31	0 31	0 32
0 15	0 45	0 45	0 46	0 46	0 47	0 47
0 20	0 60	0 61	0 61	0 62	0 62	0 63
0 25	0 75	0 76	0 76	0 77	0 78	0 79
0 30	0 90	0 91	0 92	0 93	0 94	0 95
0 35	1 05	1 06	1 07	1 08	1 09	1 10
0 40	1 20	1 21	1 22	1 24	1 25	1 26
0 45	1 35	1 36	1 38	1 39	1 40	1 42
0 50	1 50	1 51	1 53	1 54	1 56	1 58
0 55	1 65	1 66	1 68	1 70	1 72	1 73
0 60	1 80	1 82	1 83	1 85	1 87	1 89
0 65	1 95	1 97	1 99	2 01	2 03	2 05
0 70	2 10	2 12	2 14	2 16	2 18	2 21
0 75	2 25	2 27	2 29	2 32	2 34	2 36
0 80	2 40	2 42	2 45	2 47	2 50	2 52
0 85	2 55	2 57	2 60	2 63	2 65	2 68
0 90	2 70	2 72	2 75	2 78	2 81	2 84
0 95	2 85	2 87	2 90	2 93	2 96	2 99
1 »	3 »	3 03	3 06	3 09	3 12	3 15
2 »	5 99	6 05	6 11	6 18	6 24	6 30
3 »	8 98	9 08	9 17	9 26	9 36	9 46
4 »	11 98	12 10	12 23	12 35	12 48	12 61
5 »	14 97	15 13	15 29	15 44	15 60	15 76
6 »	17 97	18 16	18 34	18 53	18 72	18 91
7 »	20 96	21 18	21 40	21 62	21 84	22 06
8 »	23 96	24 21	24 46	24 71	24 96	25 22
9 »	26 95	27 23	27 51	27 79	28 08	28 37
10 »	29 95	30 26	30 57	30 88	31 20	31 52
11 »	32 94	33 29	33 63	33 97	34 32	34 67
12 »	35 94	36 31	36 68	37 06	37 44	37 82

LONGUEURS.	2,00	2,01	2,02	2,03	2,04	2,05
0 05	0 16	0 16	0 16	0 16	0 17	0 17
0 10	0 32	0 32	0 32	0 33	0 33	0 33
0 15	0 48	0 48	0 49	0 49	0 50	0 50
0 20	0 64	0 64	0 65	0 66	0 66	0 67
0 25	0 80	0 80	0 81	0 82	0 83	0 84
0 30	0 95	0 96	0 97	0 98	0 99	1 »
0 35	1 11	1 12	1 14	1 15	1 16	1 17
0 40	1 27	1 29	1 30	1 31	1 32	1 34
0 45	1 43	1 45	1 46	1 48	1 49	1 50
0 50	1 59	1 61	1 62	1 64	1 66	1 67
0 55	1 75	1 77	1 79	1 80	1 82	1 84
0 60	1 91	1 93	1 95	1 97	1 99	2 01
0 65	2 07	2 09	2 11	2 13	2 15	2 17
0 70	2 23	2 25	2 27	2 30	2 32	2 34
0 75	2 39	2 41	2 44	2 46	2 48	2 51
0 80	2 55	2 57	2 60	2 62	2 65	2 68
0 85	2 70	2 73	2 76	2 79	2 82	2 84
0 90	2 86	2 89	2 92	2 95	2 98	3 01
0 95	3 02	3 05	3 08	3 12	3 15	3 17
1 »	3 18	3 21	3 25	3 28	3 31	3 34
2 »	6 37	6 43	6 49	6 56	6 62	6 69
3 »	9 55	9 64	9 74	9 84	9 93	10 03
4 »	12 73	12 86	12 99	13 12	13 25	13 38
5 »	15 92	16 07	16 24	16 40	16 56	16 72
6 »	19 10	19 29	19 48	19 68	19 87	20 07
7 »	22 28	22 50	22 73	22 95	23 18	23 41
8 »	25 46	25 72	25 98	26 23	26 49	26 75
9 »	28 65	28 93	29 22	29 51	29 81	30 10
10 »	31 83	32 15	32 47	32 79	33 12	33 44
11 »	35 01	35 36	35 72	36 07	36 43	36 79
12 »	38 20	38 58	38 96	39 35	39 74	40 13

LONGUEURS.	2,06	2,07	2,08	2,09	2,10	2,11
0 05	0 17	0 17	0 17	0 17	0 18	0 18
0 10	0 34	0 34	0 34	0 35	0 35	0 35
0 15	0 51	0 51	0 52	0 52	0 53	0 53
0 20	0 68	0 68	0 69	0 70	0 70	0 71
0 25	0 84	0 85	0 86	0 87	0 88	0 89
0 30	1 01	1 02	1 03	1 04	1 05	1 06
0 35	1 18	1 19	1 20	1 21	1 23	1 24
0 40	1 35	1 36	1 38	1 39	1 40	1 42
0 45	1 52	1 53	1 55	1 56	1 58	1 59
0 50	1 69	1 70	1 72	1 74	1 75	1 77
0 55	1 86	1 88	1 89	1 91	1 93	1 95
0 60	2 03	2 05	2 07	2 09	2 10	2 12
0 65	2 19	2 22	2 24	2 26	2 28	2 30
0 70	2 36	2 39	2 41	2 43	2 46	2 48
0 75	2 53	2 56	2 58	2 61	2 63	2 66
0 80	2 70	2 73	2 75	2 78	2 81	2 83
0 85	2 87	2 90	2 93	2 95	2 98	3 01
0 90	3 05	3 08	3 10	3 13	3 16	3 19
0 95	3 21	3 24	3 27	3 30	3 33	3 36
1 »	3 38	3 41	3 44	3 48	3 51	3 54
2 »	6 75	6 82	6 89	6 95	7 02	7 09
3 »	10 13	10 23	10 33	10 43	10 53	10 63
4 »	13 51	13 64	13 77	13 90	14 03	14 17
5 »	16 88	17 05	17 21	17 38	17 54	17 71
6 »	20 26	20 46	20 66	20 86	21 05	21 25
7 »	23 64	23 87	24 10	24 33	24 56	24 80
8 »	27 01	27 28	27 54	27 81	28 07	28 34
9 »	30 39	30 69	30 99	31 28	31 58	31 89
10 »	33 77	34 10	34 43	34 76	35 09	35 43
11 »	37 15	37 51	37 87	38 24	38 60	38 97
12 »	40 52	40 92	41 31	41 71	42 11	42 51

LONGUEURS.	2,12	2,13	2,14	2,15	2,16	2,17
0 05	0 18	0 18	0 18	0 18	0 19	0 19
0 10	0 36	0 36	0 36	0 37	0 37	0 37
0 15	0 54	0 54	0 55	0 55	0 56	0 56
0 20	0 72	0 72	0 73	0 74	0 74	0 75
0 25	0 89	0 90	0 91	0 92	0 93	0 94
0 30	1 07	1 08	1 09	1 10	1 11	1 12
0 35	1 25	1 26	1 28	1 29	1 30	1 31
0 40	1 43	1 44	1 46	1 47	1 49	1 50
0 45	1 61	1 62	1 64	1 66	1 67	1 69
0 50	1 79	1 81	1 82	1 84	1 86	1 87
0 55	1 97	1 99	2 »	2 02	2 04	2 06
0 60	2 15	2 17	2 19	2 21	2 23	2 25
0 65	2 32	2 35	2 37	2 39	2 41	2 44
0 70	2 50	2 53	2 55	2 58	2 60	2 62
0 75	2 68	2 71	2 73	2 76	2 78	2 81
0 80	2 87	2 89	2 92	2 94	2 97	3 »
0 85	3 04	3 07	3 10	3 13	3 16	3 19
0 90	3 22	3 25	3 28	3 31	3 34	3 37
0 95	3 40	3 43	3 46	3 49	3 53	3 56
1 »	3 58	3 61	3 64	3 68	3 71	3 74
2 »	7 15	7 22	7 29	7 36	7 43	7 49
3 »	10 73	10 83	10 93	11 04	11 14	11 24
4 »	14 31	14 44	14 58	14 71	14 85	14 99
5 »	17 88	18 05	18 22	18 39	18 56	18 74
6 »	21 46	21 66	21 87	22 07	22 28	22 48
7 »	25 04	25 27	25 51	25 75	25 99	26 23
8 »	28 61	28 88	29 15	29 43	29 70	29 98
9 »	32 19	32 49	32 80	33 11	33 42	33 73
10 »	35 77	36 10	36 44	36 79	37 13	37 47
11 »	39 34	39 71	40 09	40 46	40 84	41 22
12 »	42 92	43 32	43 73	44 14	44 55	44 97

LONGUEURS.	2,18	2,19	2,20	2,21	2,22	2,23
0 05	0 19	0 19	0 19	0 19	0 20	0 20
0 10	0 38	0 38	0 39	0 39	0 39	0 40
0 15	0 57	0 57	0 58	0 58	0 59	0 59
0 20	0 76	0 76	0 77	0 78	0 78	0 79
0 25	0 95	0 95	0 96	0 97	0 98	0 99
0 30	1 13	1 14	1 16	1 17	1 18	1 19
0 35	1 32	1 34	1 35	1 36	1 37	1 39
0 40	1 51	1 53	1 54	1 55	1 57	1 58
0 45	1 70	1 72	1 73	1 75	1 77	1 78
0 50	1 89	1 91	1 93	1 94	1 96	1 98
0 55	2 08	2 10	2 12	2 14	2 16	2 18
0 60	2 27	2 29	2 31	2 33	2 35	2 37
0 65	2 46	2 48	2 50	2 53	2 55	2 57
0 70	2 65	2 67	2 70	2 72	2 75	2 77
0 75	2 84	2 86	2 89	2 92	2 94	2 97
0 80	3 03	3 05	3 08	3 11	3 14	3 17
0 85	3 21	3 24	3 27	3 30	3 33	3 36
0 90	3 40	3 44	3 47	3 50	3 53	3 56
0 95	3 59	3 63	3 66	3 69	3 73	3 76
1 »	3 78	3 82	3 85	3 89	3 92	3 96
2 »	7 56	7 63	7 70	7 77	7 84	7 91
3 »	11 35	11 45	11 56	11 66	11 77	11 87
4 »	15 13	15 27	15 41	15 55	15 69	15 83
5 »	18 91	19 08	19 26	19 43	19 61	19 79
6 »	22 69	22 90	23 11	23 32	23 53	23 74
7 »	26 47	26 72	26 96	27 21	27 46	27 70
8 »	30 25	30 53	30 81	31 09	31 38	31 66
9 »	34 04	34 35	34 67	34 98	35 30	35 61
10 »	37 82	38 17	38 52	38 87	39 22	39 57
11 »	41 60	41 98	42 37	42 75	43 14	43 53
12 »	45 38	45 80	46 22	46 64	47 06	47 49

LONGUEURS.	2,24	2,25	2,26	2,27	2,28	2,29
0 05	0 20	0 20	0 20	0 21	0 21	0 21
0 10	0 40	0 40	0 41	0 41	0 41	0 42
0 15	0 60	0 60	0 61	0 62	0 62	0 63
0 20	0 80	0 81	0 81	0 82	0 83	0 83
0 25	1 »	1 01	1 02	1 03	1 03	1 04
0 30	1 20	1 21	1 22	1 23	1 24	1 25
0 35	1 40	1 41	1 42	1 44	1 45	1 46
0 40	1 60	1 61	1 63	1 64	1 65	1 67
0 45	1 80	1 81	1 83	1 85	1 86	1 88
0 50	2 »	2 01	2 03	2 05	2 07	2 09
0 55	2 20	2 22	2 24	2 26	2 27	2 29
0 60	2 40	2 42	2 44	2 46	2 48	2 50
0 65	2 59	2 62	2 64	2 67	2 69	2 71
0 70	2 79	2 82	2 84	2 87	2 90	2 92
0 75	2 99	3 02	3 05	3 08	3 10	3 13
0 80	3 19	3 22	3 25	3 28	3 31	3 34
0 85	3 39	3 42	3 45	3 49	3 52	3 55
0 90	3 59	3 63	3 66	3 69	3 72	3 76
0 95	3 79	3 83	3 86	3 90	3 93	3 97
1 »	3 99	4 03	4 06	4 10	4 14	4 17
2 »	7 99	8 06	8 13	8 20	8 27	8 35
3 »	11 98	12 08	12 19	12 30	12 41	12 52
4 »	15 97	16 11	16 26	16 40	16 55	16 69
5 »	19 96	20 14	20 32	20 51	20 69	20 87
6 »	23 96	24 17	24 39	24 61	24 82	25 04
7 »	27 95	28 20	28 45	28 71	28 96	29 21
8 »	31 94	32 23	32 52	32 81	33 10	33 38
9 »	35 94	36 26	36 58	36 91	37 23	37 56
10 »	39 93	40 29	40 65	41 01	41 37	41 73
11 »	43 92	44 31	44 71	45 11	45 50	45 90
12 »	47 91	48 34	48 77	49 21	49 64	50 08

LONGUEURS.	2,30	2,31	2,32	2,33	2,34	2,35
0 05	0 21	0 21	0 21	0 22	0 22	0 22
0 10	0 42	0 42	0 43	0 43	0 44	0 44
0 15	0 63	0 64	0 64	0 65	0 65	0 66
0 20	0 84	0 85	0 86	0 86	0 87	0 88
0 25	1 05	1 06	1 07	1 08	1 09	1 10
0 30	1 26	1 27	1 28	1 30	1 31	1 32
0 35	1 47	1 49	1 50	1 51	1 52	1 54
0 40	1 68	1 70	1 71	1 73	1 74	1 76
0 45	1 89	1 91	1 93	1 94	1 96	1 98
0 50	2 10	2 12	2 14	2 16	2 18	2 20
0 55	2 32	2 34	2 36	2 38	2 40	2 42
0 60	2 53	2 55	2 57	2 59	2 61	2 64
0 65	2 74	2 76	2 78	2 81	2 83	2 86
0 70	2 95	2 97	3 »	3 02	3 05	3 08
0 75	3 16	3 18	3 21	3 24	3 27	3 30
0 80	3 37	3 40	3 43	3 46	3 49	3 52
0 85	3 58	3 61	3 64	3 67	3 70	3 74
0 90	3 79	3 82	3 86	3 89	3 92	3 96
0 95	3 90	3 93	3 97	4 »	4 04	4 08
1 »	4 21	4 25	4 28	4 32	4 36	4 39
2 »	8 42	8 49	8 57	8 64	8 71	8 79
3 »	12 63	12 74	12 85	12 96	13 07	13 18
4 »	16 84	16 98	17 13	17 28	17 43	17 58
5 »	21 05	21 23	21 42	21 60	21 79	21 97
6 »	25 26	25 48	25 70	25 92	26 14	26 37
7 »	29 47	29 72	29 98	30 24	30 50	30 77
8 »	33 68	33 97	34 26	34 56	34 86	35 16
9 »	37 89	38 22	38 55	38 88	39 21	39 55
10 »	42 10	42 46	42 83	43 20	43 57	43 95
11 »	46 31	46 71	47 12	47 52	47 93	48 34
12 »	50 52	50 96	51 40	51 84	52 29	52 74

LONGUEURS.	2,36	2,37	2,38	2,39	2,40	2,41
0 05	0 22	0 22	0 23	0 23	0 23	0 23
0 10	0 44	0 45	0 45	0 45	0 46	0 46
0 15	0 66	0 67	0 68	0 68	0 69	0 69
0 20	0 89	0 89	0 90	0 91	0 92	0 92
0 25	1 11	1 12	1 13	1 14	1 15	1 16
0 30	1 33	1 34	1 35	1 36	1 38	1 39
0 35	1 55	1 56	1 58	1 59	1 60	1 62
0 40	1 77	1 79	1 80	1 82	1 83	1 85
0 45	1 99	2 01	2 03	2 05	2 06	2 08
0 50	2 22	2 23	2 25	2 27	2 29	2 31
0 55	2 44	2 46	2 48	2 50	2 52	2 54
0 60	2 66	2 68	2 70	2 73	2 75	2 77
0 65	2 88	2 91	2 93	2 95	2 98	3 »
0 70	3 10	3 13	3 16	3 18	3 21	3 24
0 75	3 32	3 35	3 38	3 41	3 44	3 47
0 80	3 55	3 58	3 61	3 64	3 67	3 70
0 85	3 77	3 80	3 83	3 86	3 90	3 93
0 90	3 99	4 02	4 06	4 09	4 13	4 16
0 95	4 21	4 25	4 28	4 32	4 35	4 39
1 »	4 43	4 47	4 51	4 55	4 58	4 62
2 »	8 86	8 94	9 02	9 09	9 17	9 24
3 »	13 30	13 41	13 52	13 64	13 75	13 86
4 »	17 73	17 88	18 03	18 18	18 33	18 48
5 »	22 16	22 35	22 54	22 73	22 92	23 11
6 »	26 59	26 82	27 05	27 27	27 50	27 73
7 »	31 02	31 29	31 56	31 82	32 09	32 35
8 »	35 46	35 76	36 06	36 37	36 67	36 97
9 »	39 89	40 23	40 57	40 91	41 26	41 60
10 »	44 32	44 70	45 08	45 46	45 84	46 22
11 »	48 75	49 17	49 58	50 »	50 42	50 84
12 »	53 19	53 64	54 09	54 55	55 »	55 46

LONGUEURS.	2,42	2,43	2,44	2,45	2,46	2,47
0 05	0 23	0 23	0 24	0 24	0 24	0 24
0 10	0 47	0 47	0 47	0 48	0 48	0 49
0 15	0 70	0 70	0 71	0 72	0 72	0 73
0 20	0 93	0 94	0 95	0 96	0 96	0 97
0 25	1 17	1 17	1 18	1 19	1 20	1 21
0 30	1 40	1 41	1 42	1 43	1 44	1 46
0 35	1 63	1 64	1 66	1 67	1 69	1 70
0 40	1 86	1 88	1 90	1 91	1 93	1 94
0 45	2 10	2 11	2 13	2 15	2 17	2 18
0 50	2 33	2 35	2 37	2 39	2 41	2 43
0 55	2 56	2 58	2 61	2 63	2 65	2 67
0 60	2 80	2 82	2 84	2 87	2 89	2 91
0 65	3 03	3 05	3 08	3 10	3 13	3 16
0 70	3 26	3 29	3 32	3 34	3 37	3 40
0 75	3 50	3 52	3 55	3 58	3 61	3 64
0 80	3 73	3 76	3 79	3 82	3 85	3 88
0 85	3 96	3 99	4 03	4 06	4 09	4 13
0 90	4 19	4 23	4 26	4 30	4 33	4 37
0 95	4 43	4 46	4 50	4 54	4 57	4 61
1 »	4 66	4 70	4 74	4 78	4 82	4 86
2 »	9 32	9 40	9 47	9 55	9 63	9 71
3 »	13 98	14 10	14 21	14 33	14 45	14 56
4 »	18 64	18 80	18 95	19 11	19 26	19 42
5 »	23 30	23 49	23 69	23 88	24 08	24 27
6 »	27 96	28 19	28 43	28 66	28 89	29 13
7 »	32 62	32 89	33 16	33 44	33 71	33 98
8 »	37 28	37 59	37 90	38 21	38 53	38 84
9 »	41 94	42 29	42 64	42 99	43 34	43 69
10 »	46 60	46 99	47 38	47 77	48 16	48 55
11 »	51 26	51 69	52 11	52 54	52 97	53 40
12 »	55 92	56 39	56 85	57 32	57 79	58 26

LONGUEURS.	2,48	2,49	2,50	2,51	2,52	2,53
0 05	0 24	0 25	0 25	0 25	0 25	0 25
0 10	0 49	0 49	0 50	0 50	0 51	0 51
0 15	0 73	0 74	0 75	0 75	0 76	0 76
0 20	0 98	0 99	0 99	1 »	1 01	1 02
0 25	1 22	1 23	1 24	1 25	1 26	1 27
0 30	1 47	1 48	1 49	1 50	1 52	1 53
0 35	1 71	1 73	1 74	1 75	1 77	1 78
0 40	1 96	1 97	1 99	2 01	2 02	2 04
0 45	2 20	2 22	2 24	2 26	2 27	2 29
0 50	2 45	2 47	2 48	2 51	2 53	2 55
0 55	2 69	2 71	2 73	2 76	2 78	2 80
0 60	2 94	2 96	2 98	3 01	3 03	3 06
0 65	3 20	3 21	3 23	3 26	3 28	3 31
0 70	3 43	3 45	3 48	3 51	3 54	3 57
0 75	3 67	3 70	3 73	3 76	3 79	3 82
0 80	3 92	3 95	3 98	4 01	4 04	4 08
0 85	4 16	4 19	4 23	4 26	4 29	4 33
0 90	4 40	4 44	4 48	4 51	4 55	4 58
0 95	4 65	4 69	4 72	4 76	4 80	4 84
1 »	4 89	4 93	4 97	5 01	5 05	5 09
2 »	9 79	9 87	9 95	10 03	10 11	10 19
3 »	14 68	14 80	14 92	15 04	15 16	15 28
4 »	19 58	19 74	19 89	20 05	20 21	20 37
5 »	24 47	24 67	24 87	25 07	25 27	25 47
6 »	29 36	29 60	29 84	30 08	30 32	30 56
7 »	34 26	34 54	34 81	35 09	35 37	35 66
8 »	39 15	39 47	39 79	40 10	40 42	40 75
9 »	44 05	44 41	44 76	45 12	45 48	45 84
10 »	48 94	49 34	49 74	50 13	50 53	50 94
11 »	53 84	54 27	54 71	55 15	55 59	56 03
12 »	58 73	59 21	59 68	60 16	60 64	61 12

LONGUEURS.	2,54	2,55	2,56	2,57	2,58	2,59
0 05	0 26	0 26	0 26	0 26	0 26	0 27
0 10	0 51	0 52	0 52	0 53	0 53	0 53
0 15	0 77	0 78	0 78	0 79	0 79	0 80
0 20	1 03	1 03	1 04	1 05	1 06	1 07
0 25	1 28	1 29	1 30	1 31	1 32	1 33
0 30	1 54	1 55	1 57	1 58	1 59	1 60
0 35	1 80	1 81	1 83	1 84	1 85	1 87
0 40	2 05	2 07	2 09	2 10	2 12	2 14
0 45	2 31	2 33	2 35	2 37	2 38	2 40
0 50	2 57	2 59	2 61	2 63	2 65	2 67
0 55	2 82	2 85	2 87	2 89	2 91	2 94
0 60	3 08	3 10	3 13	3 15	3 18	3 20
0 65	3 34	3 36	3 39	3 42	3 44	3 47
0 70	3 59	3 62	3 65	3 68	3 71	3 74
0 75	3 85	3 88	3 91	3 94	3 97	4 »
0 80	4 11	4 14	4 17	4 20	4 24	4 27
0 85	4 36	4 40	4 43	4 47	4 50	4 54
0 90	4 62	4 66	4 69	4 73	4 77	4 80
0 95	4 88	4 92	4 95	4 99	5 03	5 07
1 »	5 13	5 17	5 22	5 26	5 30	5 34
2 »	10 27	10 35	10 43	10 51	10 59	10 68
3 »	15 40	15 52	15 65	15 77	15 89	16 01
4 »	20 53	20 70	20 86	21 02	21 19	21 35
5 »	25 67	25 87	26 08	26 28	26 48	26 69
6 »	30 80	31 05	31 29	31 54	31 78	32 03
7 »	35 94	36 22	36 51	36 79	37 08	37 37
8 »	41 07	41 39	41 72	42 05	42 38	42 70
9 »	46 21	46 57	46 93	47 30	47 67	48 04
10 »	51 34	51 74	52 15	52 56	52 97	53 38
11 »	56 47	56 92	57 37	57 82	58 27	58 72
12 »	61 61	62 09	62 58	63 07	63 56	64 07

LONGUEURS.	2,60	2,61	2,62	2,63	2,64	2,65
0 05	0 27	0 27	0 27	0 28	0 28	0 28
0 10	0 54	0 54	0 55	0 55	0 55	0 56
0 15	0 81	0 81	0 82	0 83	0 83	0 84
0 20	1 08	1 08	1 09	1 10	1 11	1 12
0 25	1 34	1 36	1 37	1 38	1 39	1 40
0 30	1 61	1 63	1 64	1 65	1 66	1 68
0 35	1 88	1 90	1 91	1 93	1 94	1 96
0 40	2 15	2 17	2 18	2 20	2 22	2 24
0 45	2 42	2 44	2 46	2 48	2 50	2 51
0 50	2 69	2 71	2 73	2 75	2 77	2 79
0 55	2 96	2 98	3 »	3 03	3 05	3 07
0 60	3 23	3 25	3 28	3 30	3 33	3 35
0 65	3 50	3 52	3 55	3 58	3 61	3 63
0 70	3 77	3 79	3 82	3 85	3 88	3 91
0 75	4 03	4 06	4 09	4 13	4 16	4 19
0 80	4 30	4 34	4 37	4 40	4 44	4 47
0 85	4 57	4 61	4 64	4 68	4 71	4 75
0 90	4 84	4 88	4 92	4 95	4 99	5 03
0 95	5 11	5 15	5 19	5 23	5 27	5 31
1 »	5 38	5 42	5 46	5 50	5 55	5 59
2 »	10 76	10 84	10 92	11 01	11 09	11 18
3 »	16 14	16 26	16 39	16 51	16 64	16 76
4 »	21 52	21 68	21 85	22 02	22 18	22 35
5 »	26 90	27 10	27 31	27 52	27 73	27 94
6 »	32 28	32 53	32 78	33 03	33 28	33 53
7 »	37 65	37 95	38 24	38 53	38 82	39 12
8 »	43 04	43 37	43 70	44 03	44 37	44 71
9 »	48 41	48 79	49 16	49 54	49 91	50 29
10 »	53 79	54 21	54 62	55 04	55 46	55 88
11 »	59 17	59 63	60 09	60 55	61 01	61 47
12 »	64 55	65 05	65 55	66 05	66 55	67 06

LONGUEURS.	2,66	2,67	2,68	2,69	2,70	2,71
0 05	0 28	0 28	0 29	0 29	0 29	0 29
0 10	0 56	0 57	0 57	0 58	0 58	0 58
0 15	0 84	0 85	0 86	0 86	0 87	0 88
0 20	1 13	1 13	1 14	1 15	1 16	1 17
0 25	1 41	1 42	1 43	1 44	1 45	1 46
0 30	1 69	1 70	1 71	1 73	1 74	1 75
0 35	1 97	1 99	2 »	2 02	2 03	2 05
0 40	2 25	2 27	2 29	2 30	2 32	2 34
0 45	2 53	2 55	2 57	2 59	2 61	2 63
0 50	2 82	2 84	2 86	2 88	2 90	2 92
0 55	3 10	3 12	3 14	3 17	3 19	3 21
0 60	3 38	3 40	3 43	3 45	3 48	3 51
0 65	3 66	3 69	3 71	3 74	3 77	3 80
0 70	3 94	3 97	4 »	4 03	4 06	4 09
0 75	4 22	4 25	4 29	4 32	4 35	4 38
0 80	4 50	4 54	4 57	4 61	4 64	4 68
0 85	4 79	4 82	4 86	4 89	4 93	4 97
0 90	5 07	5 11	5 14	5 18	5 22	5 26
0 95	5 35	5 39	5 43	5 47	5 51	5 55
1 »	5 63	5 67	5 72	5 76	5 80	5 84
2 »	11 26	11 35	11 43	11 52	11 60	11 69
3 »	16 89	17 02	17 15	17 27	17 40	17 53
4 »	22 52	22 69	22 86	23 03	23 20	23 38
5 »	28 15	28 36	28 58	28 79	29 01	29 22
6 »	33 78	34 04	34 29	34 55	34 81	35 06
7 »	39 42	39 71	40 01	40 31	40 71	40 91
8 »	45 05	45 38	45 73	46 06	46 41	46 75
9 »	50 68	51 06	51 44	51 82	52 21	52 60
10 »	56 31	56 73	57 16	57 58	58 01	58 44
11 »	61 94	62 40	62 87	63 34	63 81	64 29
12 »	67 57	68 08	68 59	69 10	69 61	70 13

LONGUEURS.	2,72	2,73	2,74	2,75	2,76	2,77
0 05	0 29	0 30	0 30	0 30	0 30	0 31
0 10	0 59	0 59	0 60	0 60	0 61	0 61
0 15	0 88	0 89	0 90	0 90	0 91	0 92
0 20	1 18	1 19	1 19	1 20	1 21	1 22
0 25	1 47	1 48	1 49	1 50	1 52	1 53
0 30	1 77	1 78	1 79	1 81	1 82	1 83
0 35	2 06	2 08	2 09	2 11	2 12	2 14
0 40	2 35	2 37	2 39	2 41	2 42	2 44
0 45	2 65	2 67	2 69	2 71	2 73	2 75
0 50	2 94	2 96	2 99	3 01	3 03	3 05
0 55	3 24	3 26	3 29	3 31	3 33	3 36
0 60	3 53	3 56	3 58	3 61	3 64	3 66
0 65	3 83	3 85	3 88	3 91	3 94	3 97
0 70	4 12	4 15	4 18	4 21	4 24	4 27
0 75	4 42	4 45	4 48	4 51	4 55	4 58
0 80	4 71	4 74	4 78	4 81	4 85	4 88
0 85	5 »	5 04	5 08	5 11	5 15	5 19
0 90	5 30	5 34	5 38	5 42	5 46	5 50
0 95	5 59	5 63	5 68	5 72	5 76	5 80
1 »	5 89	5 93	5 97	6 02	6 06	6 11
2 »	11 77	11 86	11 95	12 04	12 12	12 21
3 »	17 66	17 79	17 92	18 05	18 19	18 32
4 »	23 55	23 72	23 90	24 07	24 25	24 42
5 »	29 44	29 65	29 87	30 09	30 31	30 53
6 »	35 32	35 59	35 85	36 11	36 37	36 64
7 »	41 21	41 52	41 82	42 13	42 43	42 74
8 »	47 10	47 45	47 79	48 14	48 50	48 85
9 »	52 99	53 38	53 77	54 16	54 56	54 95
10 »	58 87	59 31	59 74	60 18	60 62	61 06
11 »	64 76	65 24	65 72	66 20	66 68	67 16
12 »	70 65	71 17	71 69	72 22	72 74	72 27

LONGUEURS.	2,78	2,79	2,80	2,81	2,82	2,83
0 05	0 31	0 31	0 31	0 31	0 32	0 32
0 10	0 61	0 62	0 62	0 63	0 63	0 64
0 15	0 92	0 93	0 94	0 94	0 95	0 96
0 20	1 23	1 24	1 25	1 26	1 27	1 27
0 25	1 54	1 55	1 56	1 57	1 58	1 59
0 30	1 84	1 86	1 87	1 89	1 90	1 91
0 35	2 15	2 17	2 18	2 20	2 21	2 23
0 40	2 46	2 48	2 50	2 51	2 53	2 55
0 45	2 77	2 79	2 81	2 83	2 85	2 87
0 50	3 07	3 10	3 12	3 14	3 16	3 19
0 55	3 38	3 41	3 43	3 46	3 48	3 51
0 60	3 69	3 72	3 74	3 77	3 80	3 82
0 65	4 »	4 03	4 06	4 08	4 11	4 14
0 70	4 30	4 34	4 37	4 40	4 43	4 46
0 75	4 61	4 65	4 68	4 71	4 75	4 78
0 80	4 92	4 96	4 99	5 03	5 06	5 10
0 85	5 23	5 27	5 30	5 34	5 38	5 42
0 90	5 53	5 58	5 62	5 66	5 70	5 74
0 95	5 84	5 88	5 93	5 97	6 01	6 05
1 »	6 15	6 19	6 24	6 28	6 33	6 37
2 »	12 30	12 39	12 48	12 57	12 66	12 75
3 »	18 45	18 58	18 72	18 85	18 98	19 12
4 »	24 60	24 78	24 96	25 13	25 31	25 49
5 »	30 75	30 97	31 19	31 41	31 64	31 87
6 »	36 90	37 17	37 43	37 70	37 97	38 24
7 »	43 05	43 36	43 67	43 98	44 30	44 61
8 »	49 20	49 55	49 91	50 27	50 63	50 99
9 »	55 35	55 75	56 15	56 55	56 95	57 36
10 »	61 50	61 94	62 39	62 83	63 28	63 73
11 »	67 65	68 14	68 63	69 12	69 61	70 11
12 »	73 80	74 33	74 87	75 40	75 94	76 48

LONGUEURS.	2,84	2,85	2,86	2,87	2,88	2,89
0 05	0 32	0 32	0 33	0 33	0 33	0 33
0 10	0 64	0 65	0 65	0 66	0 66	0 66
0 15	0 96	0 97	0 98	0 98	0 99	1 »
0 20	1 28	1 29	1 30	1 31	1 32	1 33
0 25	1 60	1 62	1 63	1 64	1 65	1 66
0 30	1 93	1 94	1 95	1 97	1 98	1 99
0 35	2 25	2 26	2 28	2 29	2 31	2 33
0 40	2 57	2 59	2 60	2 62	2 64	2 66
0 45	2 89	2 91	2 93	2 95	2 97	2 99
0 50	3 21	3 23	3 25	3 28	3 30	3 32
0 55	3 53	3 56	3 58	3 61	3 63	3 66
0 60	3 85	3 88	3 91	3 93	3 96	3 99
0 65	4 17	4 20	4 23	4 26	4 29	4 32
0 70	4 49	4 52	4 56	4 59	4 62	4 65
0 75	4 81	4 85	4 88	4 92	4 95	4 98
0 80	5 13	5 17	5 21	5 24	5 28	5 32
0 85	5 46	5 49	5 53	5 57	5 61	5 65
0 90	5 78	5 82	5 86	5 90	5 94	5 98
0 95	6 10	6 14	6 18	6 23	6 27	6 31
1 »	6 42	6 46	6 51	6 55	6 60	6 65
2 »	12 84	12 93	13 02	13 11	13 20	13 29
3 »	19 26	19 39	19 53	19 66	19 80	19 94
4 »	25 67	26 85	26 04	26 22	26 40	26 58
5 »	32 09	32 32	32 55	32 77	33 »	33 23
6 »	38 51	38 78	39 05	39 33	39 60	39 88
7 »	44 93	45 25	45 56	45 88	46 20	46 52
8 »	51 35	51 71	52 07	52 44	52 80	53 17
9 »	57 76	58 17	58 58	58 99	59 40	59 82
10 »	64 18	64 64	65 09	65 55	66 »	66 46
11 »	70 60	71 10	71 60	72 10	72 60	73 11
12 »	77 02	77 56	78 11	78 66	79 21	79 76

LONGUEURS.	2,90	2,91	2,92	2,93	2,94	2,95
0 05	0 33	0 34	0 34	0 34	0 34	0 35
0 10	0 67	0 67	0 68	0 68	0 69	0 69
0 15	1 »	1 01	1 02	1 02	1 03	1 04
0 20	1 34	1 35	1 36	1 37	1 38	1 39
0 25	1 67	1 68	1 70	1 71	1 72	1 73
0 30	2 01	2 02	2 04	2 05	2 06	2 08
0 35	2 34	2 36	2 38	2 39	2 41	2 42
0 40	2 68	2 70	2 71	2 73	2 75	2 77
0 45	3 01	3 03	3 05	3 08	3 10	3 12
0 50	3 35	3 37	3 39	3 42	3 44	3 46
0 55	3 68	3 71	3 73	3 76	3 78	3 81
0 60	4 02	4 04	4 07	4 10	4 13	4 16
0 65	4 35	4 38	4 41	4 44	4 47	4 50
0 70	4 68	4 72	4 75	4 78	4 81	4 85
0 75	5 02	5 05	5 09	5 12	5 16	5 20
0 80	5 35	5 39	5 43	5 47	5 50	5 55
0 85	5 69	5 73	5 77	5 81	5 85	5 89
0 90	6 02	6 07	6 11	6 15	6 19	6 23
0 95	6 36	6 40	6 45	6 50	6 54	6 58
1 »	6 69	6 74	6 79	6 83	6 88	6 93
2 »	13 38	13 48	13 57	13 66	13 76	13 85
3 »	20 08	20 22	20 36	20 49	20 63	20 78
4 »	26 77	26 96	27 14	27 33	27 51	27 70
5 »	33 46	33 69	33 93	34 16	34 39	34 63
6 »	40 15	40 43	40 71	40 99	41 27	41 55
7 »	46 84	47 17	47 50	47 82	48 15	48 48
8 »	53 54	53 91	54 28	54 65	55 02	55 40
9 »	60 23	60 65	61 07	61 49	61 90	62 33
10 »	66 92	67 39	67 85	68 32	68 78	69 25
11 »	73 62	74 13	74 64	75 15	75 67	76 18
12 »	80 31	80 86	81 42	81 98	82 54	83 10

LONGUEURS.	2,96	2,97	2,98	2,99	3,00	3,01
0 05	0 35	0 35	0 35	0 36	0 36	0 36
0 10	0 70	0 70	0 71	0 71	0 72	0 72
0 15	1 05	1 05	1 06	1 07	1 07	1 08
0 20	1 39	1 40	1 41	1 42	1 43	1 44
0 25	1 74	1 75	1 77	1 78	1 79	1 80
0 30	2 09	2 11	2 12	2 13	2 15	2 16
0 35	2 44	2 46	2 47	2 49	2 51	2 52
0 40	2 79	2 81	2 83	2 85	2 86	2 88
0 45	3 14	3 16	3 18	3 20	3 22	3 24
0 50	3 49	3 51	3 53	3 56	3 58	3 60
0 55	3 83	3 86	3 89	3 92	3 94	3 97
0 60	4 18	4 21	4 24	4 27	4 30	4 33
0 65	4 53	4 56	4 59	4 62	4 66	4 69
0 70	4 88	4 91	4 95	4 98	5 01	5 05
0 75	5 23	5 26	5 30	5 34	5 37	5 41
0 80	5 58	5 62	5 65	5 69	5 73	5 77
0 85	5 93	5 97	6 01	6 05	6 09	6 13
0 90	6 28	6 32	6 36	6 40	6 45	6 49
0 95	6 63	6 67	6 71	6 76	6 80	6 85
1 »	6 97	7 02	7 07	7 11	7 16	7 21
2 »	13 94	14 04	14 13	14 23	14 32	14 42
3 »	20 92	21 06	21 20	21 34	21 49	21 63
4 »	27 89	28 08	28 27	28 46	28 65	28 84
5 »	34 86	35 10	35 33	35 57	35 81	36 05
6 »	41 83	42 12	42 40	42 69	42 97	43 26
7 »	48 80	49 13	49 47	49 80	50 13	50 47
8 »	55 78	56 15	56 53	56 91	57 29	57 68
9 »	62 75	63 17	63 60	64 03	64 46	64 89
10 »	69 72	70 19	70 67	71 14	71 62	72 10
11 »	76 69	77 21	77 73	78 26	78 78	79 31
12 »	83 67	84 23	84 80	85 37	85 94	86 52

OBSERVATION.

Pour trouver le cube géométrique des bois ronds, ayant plus de 3m00 de circonférence, on emploiera la formule ci-dessous, qui a servi pour l'établissement des chiffres du Tarif :

Soit C la circonférence ;
L la longueur ;
X le cube à trouver ;

On a :

$$X = C^2 \times 0{,}795774729 \times L.$$

Géographie historique du département des Ardennes, comprenant, outre la Géographie physique et politique, de nombreux renseignements sur l'Administration, l'Industrie, le Commerce, l'Histoire, la Géologie, l'Archéologie, etc., par JEAN HUBERT. Nouvelle édition, entièrement refondue et accompagnée d'une carte du département des Ardennes. 1 vol. in-12 de 512 pages, sur beau papier glacé. Prix : 3 fr. 50 c. (Ouvrage adopté par le Conseil de l'Instruction publique.)

Abrégé de la Géographie historique, par le même. Deuxième édition. 1 vol. in-18 cartonné. Prix : 75 c.

Carte du département des Ardennes, dressée et corrigée d'après les documents les plus récents, y compris les tracés des chemins de fer construits et en construction, avec indication des stations et des nouveaux chemins vicinaux décrétés par le Conseil général, dans sa séance d'avril 1873, par une Société d'Ingénieurs et de Géomètres, publiée par E. JOLLY, format grand-monde, coloriée. Prix : 6 fr.

La même, collée sur toile, vernie, gorge et rouleau. Prix : 10 fr.

La même, découpée, collée sur toile, dans un étui percaline. Prix : 10 fr.

Cartes cantonales du département des Ardennes, par Vendol :

La collection des 31 cantons coloriée, 110 fr.

Id. 1/2 reliure B C, 130 fr.

Chaque canton pris isolément : 4 fr.

Sedan-Sud, 12 fr.; Sedan-Nord, 6 fr.; Mézières, 6 fr.; Charleville, 5 fr.; Rocroi, 5 fr.; Givet, 5 fr.; Vouziers, 5 fr.; Rethel, 5 fr.

Cours de Dessin linéaire, spécialement destiné aux écoles primaires, par Théophile Nozot, Inspecteur de l'Instruction primaire, 3e édition entièrement refondue et considérablement augmentée, contenant en plus du texte, 239 figures, 1 vol. carré, cartonné. Prix : 2 fr. 50 c. (Cet ouvrage, par le choix de ses figures toutes usuelles, ne peut qu'inspirer aux élèves le goût du dessin).

Pour paraître fin octobre :

Almanach historique, commercial et agricole des Ardennes, publié par E. Jolly. 1 vol. in-18 de 144 pages. Prix : 50 c.

La 1re année 1871, broché. Prix : 1 fr.
La 2e année, 1872, broché. Prix : 75 c.
La 3e année, 1873, broché. Prix : 75 c.

Le Petit Almanach des Ardennes, publié par E. Jolly, paraît chaque année en octobre. Prix : 10 centimes.

Commission générale en librairie.

Abonnements à tous les journaux.

Publications nouvelles et périodiques.

Livres classiques, Français, Latins, Grecs, Allemands, Anglais, Italiens, etc.

Ateliers de reliure et encadrements.

Fabrique de registres.

Papiers à écrire en tous genres.

Sacs, Papier d'emballage.

Etiquettes parchemin et lithographiées.

Fournitures de bureaux.

Presses à copier.

Cassettes de Mathématiques.

Equerres et Chaînes d'arpenteurs.

Matériel pour les Ecoles et Salles d'asile.

Articles de dessin.

Cartes géographiques et à jouer.

Impressions et Lithographie.

[illegible]graphie historique du département des Ardennes, par [illegible] Hubert, 1 vol. in-12 [illegible] une carte coloriée. — Ouvrage adopté par le [illegible] de l'Instruction publique. — Prix [illegible] 50.

[illegible] sur l'industrie dans le département des Ardennes, par Ed. Nivoit, Ingénieur des [illegible], 1 vol. in-12 avec 2 planches. — 2 fr. 50.

Carte du département des Ardennes, dressée et corrigée d'après les documents les plus récents, y compris les tracés des chemins de fer construits et en construction, avec indication des stations, par une Société d'Ingénieurs [illegible], publiée par E. Jolly. Tirage 1874. Format grand monde, coloriée . . . . . Prix [illegible]

Cartes cantonales du département des Ardennes, par Vandot. — Prix de la collection des 31 cantons, 110 fr. — Chaque canton [illegible] ment : 4 fr. ; — Mézières, 6 fr. ; — Sedan-[illegible], 12 fr. ; — Sedan-Nord, 6 fr. ; — Charleville, [illegible] ; — Givet, 5 fr. ; — Rocroi, 5 fr. ; — Vouziers, 5 fr. ; — Bethel, 5 fr.

Statistique agronomique et géologique de l'arrondissement de Vouziers, département des Ardennes, publiée sous les auspices du Conseil général, par MM. Meugy, Ingénieur en chef des mines, et Nivoit, Ingénieur des mines. — 1 vol. in-8° de 424 pages . . . . . Prix 6 fr.

Carte géologique et agronomique de l'arrondissement de Vouziers, à l'échelle de [illegible], par les mêmes auteurs, sur 3 feuilles [illegible] coloriée . . . . . Prix [illegible]

Cours de dessin linéaire, spécialement destiné aux écoles primaires, par Th. Nozot, [illegible] de l'instruction primaire. 3e édition, [illegible] figures et texte . . . . . Prix 2 fr. [illegible]

www.ingramcontent.com/pod-product-compliance
Ingram Content Group UK Ltd.
Pitfield, Milton Keynes, MK11 3LW, UK
UKHW021119220726
13924UKWH00004B/1798